U0397246

数学游戏直播间

施洪亮　何智宇◎主编

张　罟　何诗喆◎副主编

华东师范大学出版社

·上海·

图书在版编目(CIP)数据

数学游戏直播间/施洪亮,何智宇主编.—上海:华东师范
大学出版社,2022
ISBN 978 - 7 - 5760 - 3118 - 8

Ⅰ.①数… Ⅱ.①施…②何… Ⅲ.①数学-青少年读物
Ⅳ.①O1 - 49

中国版本图书馆 CIP 数据核字(2022)第 146452 号

数学游戏直播间

主　　编　施洪亮　何智宇
副 主 编　张　罟　何诗喆
责任编辑　王　焰(策划组稿)
　　　　　王国红(项目统筹)
特约审读　王小双
责任校对　江小华
装帧设计　卢晓红

出版发行　华东师范大学出版社
社　　址　上海市中山北路 3663 号　邮编 200062
网　　址　www. ecnupress. com. cn
电　　话　021 - 60821666　行政传真 021 - 62572105
客服电话　021 - 62865537　门市(邮购)电话 021 - 62869887
地　　址　上海市中山北路 3663 号华东师范大学校内先锋路口
网　　店　http://hdsdcbs. tmall. com

印 刷 者　上海景条印刷有限公司
开　　本　787 毫米×1092 毫米　1/16
印　　张　13.25
字　　数　204 千字
版　　次　2022 年 10 月第 1 版
印　　次　2022 年 10 月第 1 次
书　　号　ISBN 978 - 7 - 5760 - 3118 - 8
定　　价　48.00 元

出 版 人　王　焰

(如发现本版图书有印订质量问题,请寄回本社客服中心调换或电话 021 - 62865537 联系)

目 录

第三章　直播间里春秋度

自 序 1

华东师大二附中数学游戏教学研究团队自 2008 年起开始这一领域的实践探索,历经 14 年。作为这一研究团队的"始作俑者",请允许我简要回顾我们研究团队的工作历程。

第一阶段(铺垫期 2008—2013):设立数学文化节,推广课外数学游戏活动,主办校内外智力游戏大赛。当时游戏大赛的项目比较单一,以数独、24 点、魔方等传统活动为主,但也受到上海市很多学校中小学生的广泛欢迎,每年来校参赛人数达数百人。

第二阶段(探索期 2014—2016):自主开发开设"数学游戏"选修课,与斯坦福大学合作举办数学嘉年华活动。我尝试自主设计中学生数学游戏活动课程,每学期在华二张江校区开设"数学游戏"选修课,从而使数学游戏课程在二附中校园实现常态化。教师努力寻找到合适的游戏,设计游戏流程,记录学生在游戏过程中的表现,及时整理他们的感受。同时引入斯坦福大学数学圈教师参与数学游戏暑期课和数学嘉年华活动,借鉴吸收国外成熟的数学游戏教学及活动组织模式。在这些活动过程中我们遇到了许多资深的游戏迷学生,他们全情投入,乐于分享思考过程,愿意去探究游戏本身及其背后的秘密。他们活跃的思维、创新的想法,令我校执教老师乃至斯坦福教授们感到惊讶。

第三阶段(成型期 2017—2019):自主主办数学嘉年华,用稳定的教学案例持续开设拓展型课程,成为教师培训素材和学生学习素材。随着我的工作岗位变动,这一阶段团队的工作重心移到了紫竹。我们在华二紫竹校区、附属初中和国际部吸纳了更多的教师参与开设"数学游戏"拓展选修课,把"数学游戏研讨"作为数学教研活动的培训任务和内容之一。培训过程中由核心成员轮流主持,每次教学研讨都需要完成一个数学游戏的解决、教学方法的确定以及学生的反应预案；定期邀请华东师大的数学团队对组内教师做数学游戏背后的知识讲座，提升专业素养。2018年华东师大出版社正式出版了团队研究成果《围绕游戏，漫步数学》一书，使之成为"数学游戏"拓展课程的学习素材，以及教师培训的参考素材。

第四阶段（辐射期2020—2022）：成立数学游戏的学生社团和创建微信公众号，参与学术会议，积极推广数学游戏。随着研究的深入，我们不再局限于老师主导学生参与的模式，而是积极发挥学生的主动性，支持组建了专门的学生社团。华二紫竹数学游戏社团在成立之初，就把重点放在了"改变游戏规则，设计新型游戏，实现数学创客的梦想"上面。除了体验游戏，学习公理、算法和建模常识之外，各个成员还设计了自己原创的折纸游戏关卡等游戏。社团成员们不仅收集创意数学游戏，而且共同撰写游戏科普及数学小论文，并刊登在社团自创的公众号"有声有色学数学"上，分享给更多的同学。张罟社长曾应邀参加马丁加德纳数学游戏分享会。

十多年来，华东师大二附中形成了从选修课程到嘉年华到学生社团的一整套数学游戏教育教学体系。研究团队的师生代表获邀参加第14届国际数学教育大会，进行了数学游戏工作坊的专场展示和学校开展数学游戏活动的专题汇报。当时的现场气氛热烈，师生代表的专题汇报受到参会代表及大会执行主席徐斌艳的充分肯定。本次出版的《数学游戏直播间》一书，就是华二紫竹数学游戏研究团队第三、第四阶段日常教学及学生活动成果的一次集中展示。各位老师针对自己的教学对象，在游戏探究的深度和广度上作了适宜的调整，很有借鉴意义。学生们从多角度展示了自己对数学游戏的理解，让"数学好玩"落地。

下面，我再借机谈谈开展数学游戏的教育价值。《数学课程标准》指出：有效的数学学习活动不能单纯地依赖模仿与记忆，动手实践、自主探索与合作交流是学生学习数学的重要方式。很显然，数学游戏是符合上述理念的、有效且重要的数学学习活动。复旦大学数学系教授、中国科学院院士李大潜曾经在复旦的演讲中指出：数学是一门重要的科学。数学忽略了物质的具体形态和属性，纯粹从数量关系和空间形式的角度来研究现实世界，它和哲学类似，具有超越具体学科、普遍适用的特征，对所有的学科都有指导性的意义。李院士进一步指出：数学教育本质上是一种素质教育,是一种先进化。通过数学学习,可以使学生具备一些特有的素质和能力。这些素质和能力例如说有:自觉的数量观念、严密的逻辑思维能力、高度的抽象思维能力、关注数学的来龙去脉,知道数学概念、方法和理论的产生和发展的渊源和过程,会提高建立数学模型、运用数学知识处理现实世界中各种复杂问题的意识、信念和能力。

二附中数学游戏研究团队就是试图以数学游戏为载体实现这种素质教育和文化传播。我们发现每一个数学游戏都是对现实问题的一个数学建模,并用数学思维和知识方法解决问题,进而形成内化的数学思维品质。数学游戏过去是、现在是、将来也将是一种先进的文化。我们倡导情境教学,思维教学,鼓励项目化学习和游戏化学习。为了更好揭示这一教育教学过程,《数学游戏直播间》一书强调情境描写,凸显对话与反思,就是力图真实展现师生的教学和学习活动。我们引导师生在实践中学习,以游戏入数学,以数学玩游戏,耳濡目染,身体力行,铭刻于心,形成习惯,逐步变成自己的数学学养与教养。

二附中开展的数学游戏活动,十余年间吸引了校内外上万人次参与。老师们详细记录了学生在游戏过程中和过程后的感受,也看到了许多学生基于游戏的数学小课题研究成果。我们总结,很多学生学会了基于游戏的数学思考,普遍提升了数学核心素养,他们喜欢上数学并真实地感受到数学的价值。我们认为,"数学游戏"是培育学生数学核心素养的有效载体,值得同行们和同学们投入其中。

最后借陈省身先生的一句话:数学好玩! 与全体数学游戏爱好者共勉。

施洪亮

2022.3.7

于华东师大闵行紫竹基础教育园区

自　序　2

　　我是一个高中生,学业非常繁忙,从来没想过能在读高中的时候参与主编出版一本书。就在写这篇序言之时,还在怀疑这本书究竟能否成功出版。在老师们的鼓励下,带着怀疑、忐忑和期待写下这篇文字。但我坚信,不管结果怎样,这本书和这本书背后的故事对我以及我的社团同学们都很有价值,因此也权当是一份总结和回忆。

　　回顾我的成长经历,我是一个非常普通的中学生,没什么突出的学业成绩,也没有令人羡慕的特长。如果说跟大多数进入华二的学生比起来,可能比他们多玩了几年游戏(多数是益智类的哦),相对而言少刷了许多题。小时候我有幸体验过"数独课",当时觉得这些做数独的方法好巧妙好有趣。后来我接触到了数桥(在书中也有涉及),当我从最开始的一头雾水到后来的熟能生巧,这其中经历了很多次方法的破解。我在寻找规则里的规律,在寻找我自己的方法。那时候我明白了,游戏不是学出来的,是玩出来的。我享受破解数学游戏的过程,享受熟练运用游戏规则与他人激烈对抗时的感觉。我觉得益智类游戏(包含本书所指的数学游戏)确实有益于提升智力,至少数学游戏对于数学思维的提升作用是很明显的。但对于校外培训机构很多已有的所谓游戏课,我感到的却是无奈,因为很多时候课堂上不给予学生足够的思考时间,而是直接告诉学生结果,让大家记住攻略去赢得游戏。这些所谓游戏课,只是教会了学生技巧与记忆,通过这样的游戏课获得的乐趣和思维的提升不足自己钻研的万分之一。

　　因为对数学游戏的爱好,我在自主招生时给施洪亮校长提交过一篇我自己关于"劈兰"游戏的研究论文。不知是否与此有关,我最终如愿进入了华二紫竹。入校后,参加了施校长和何智宇老师的"数学游戏"选修课学习。在施校长和何老师的欣赏和支持下,我牵头组建了紫竹的数学游戏研究社,担任首任社长,并为"有声有色学数学"公众号撰写稿件。我想带动华二紫竹的数学爱好者和游戏爱好者,把真正的"用数学玩游戏、玩游戏学数学"的方式传播开来。

本书的编写者是我校的老师们,是我的同学、社团成员们,非常有幸最终能够参与本书的编写并担任副主编。能够以这样的文字向大家展示数学游戏的价值及乐趣,我很荣幸也很感激。刚听老师说准备把紫竹数学游戏的工作汇总成书出版的时候,我一脸懵,因为很多工作还刚启动。因为忙碌的学业,其实游戏社的工作还很不丰富,许多游戏研究也不成熟。总觉得手头还什么都没有,更不知道选用哪些内容和形式来展示我们的工作;也不知道谁来执笔谁来统稿,更不知道自己在其中能做什么。所幸,"有声有色学数学"公众号积累了一些素材,还有我的社团伙伴们——一批平时不善言辞的数学爱好者,完全不知道他们能不能写文章,当然最终的事实证明他们很棒。

编写组开始策划书籍出版的时候,确定文章的体例形式是一个大难题。中间经历几次很大的变动,从参考之前施校长的校本选修课教材《围绕游戏,漫步数学》的体例,后来想改成社团日记形式,再到数学游戏故事,最后定下来是师生课堂实录和同学间的交流实况。其中第二章主要由我们学生主编负责。我想编写组最后定下来这样的形式,是希望读者在阅读这本书的时候,能看到同学们思维的碰撞和对游戏循序渐进的认识过程,而不单单是游戏的介绍和破解。这些对话或许阅读起来有些"与主题不搭",或者每篇之间的风格大为不同,但却正是不同的人在各种各样的情况下进行的不同层次的思考,是带有每个人的色彩的,有感情的叙述。

在日常课堂和社团活动中我从未说过,但我仍然想在这里说出深藏内心的感谢。首先是对我的社团成员们的感谢以及赞美:感谢你们的支持,你们是最棒的,钦佩你们对数学游戏的热爱,钦佩你们的数学素养以及对问题的钻研精神,你们是社团最引以为傲的财富。感谢我的这些同伴,他们在社团成立之初,在社团发展方向迷茫之时能包容我这个社长的一切缺点,包容这个社团的所有不足。感谢社团的指导老师何智宇老师为我出谋划策,帮助社团建立;感谢一直在背后关注与支持社团发展的施洪亮校长,没有他们也不会有社团的今天。

最后需要指出的是，我们都只是有热情但没有经验的编写者，数学功底和对游戏的研究也还不成熟，有些书写语言可能显得非常幼稚，还请读者见谅，多多包涵。

华二紫竹数学游戏社社长

张罟

2022.3.12

第一章

师也数学入游戏

第一节 传统风云：从传承传统文化到再解读

横刀立马华容道，五将四卒助破局

马晓煜

> **一、游戏背景**

三国华容道是中国的数学益智游戏之一，以其阵型变幻及解法的复杂多样而著名，被许多人喜爱。听游戏名称，你应该能猜到，该游戏和三国英雄们相关。据史书记载，曹操在赤壁大战中被刘备和孙权的"苦肉计"和"火烧连营"妙计打败后，一路逃至华容道。而不巧的是，路上又遇到了诸葛亮的伏兵，且与名将关羽狭路相逢，正所谓"一夫当关，万夫莫开"，千钧一发之际，关羽明逼实让，以报答曹操的恩情，最终帮助曹操逃出了华容道。

三国华容道游戏以历史事件为原型，如图1.1.1 所示，用带有 20 个方格的棋盘代表华容道，棋盘上共摆有十个大小不一样的滑块，分别代表曹操、张飞、赵云、马超、黄忠和关羽，还有四个卒。在棋盘正下方中部，有一个两方格大小的出口，供曹操逃离。三国华容道的游戏规则很简单，就是通过移动各个滑块，帮助曹操从初始位置移到棋盘的最下方中部，最终从出口逃走。但前提是不可以跨越棋子移动或

图 1.1.1

放置,你还可以设法用最少的步数把曹操移到出口。

华容道虽然拥有与三国相关的历史背景,但此游戏的历史较短,目前所见到的关于华容道最早的文字记载是 1949 年姜长英先生的《科学消遣》一书。关于游戏规律的探究,大家也可以借鉴许莼舫先生的《数学漫谈》一书。

二、课堂实录

以经典的横刀立马阵型为例,我们一起来探究如何破解阵型。

图 1.1.2

师:同学们请看这一布局,这是三国华容道游戏中经典的横刀立马阵型。请大家先将棋子按图 1.1.2 顺序摆放,然后尝试帮助曹操逃出华容道。同学们可以组内交流遇到的困难、如何破解以及解决问题的关键点。熟悉了这个阵型之后,我们来相互比拼,比较使用的时间,谁会更短! 大家开始破解吧!

(等待一段时间,给予学生充分的时间尝试和思考)

师:同学们尝试之后成功解救出曹操了吗?

(预设个别同学解救出了曹操,大部分学生还未完成)

师:请大家一边尝试一边思考自己在解救曹操的过程中,遇到了什么困难?

生 1:老师,在移动棋子的过程中,我很容易走入"死局",路会被大将堵住。

生 2:是的! 尤其关羽是横向的,立在正中间非常挡路,很难破局! 这该怎么办啊?

师:这两位同学提出的问题非常好,值得深思! 相信很多同学也都遇到过同样的情况。当面临这样的局势时,大家是如何应对的呢?

生 3:当路被大将堵住后,我会尝试重新开始,或者退回去几步再做尝试。

生 4:我也是,会重新开始。但因为没有头绪,不知道该如何安排卒及各将的位置,甚至不知道先移动哪个棋子,所以仅凭运气尝试,很有可能还会遇到同样的问题。

师:重新尝试也是一种办法! 尽管三国华容道的解法现在还没有固定的公

式,但通过大量阵型的研究,我们仍然可以找到一些规律解救曹操。请大家仔细观察各棋子的特征,并在小组进行讨论,哪个棋子更灵活?

生3:我们发现"卒"这个棋子更灵活。卒的面积最小,只有大将的二分之一,所以行动起来非常灵活,可以上下左右滑动而不受限。

师:非常好!因为卒的面积是大将的二分之一,如果要使大将自由滑动,卒的位置应该如何安排?

生4:我们认为"卒"应该尽量连在一起,至少两两组合,这样才能空出大将的两格位置。

师:没错!我们已经发现了一个非常重要的规律。四个"卒"分别只占用1个滑块,而且可以上下左右灵活移动,所以最容易对付。大家在尝试的过程中,有没有出现4卒分离或棋盘有不连续的空格的情况?你有什么发现?

生1:有!我们发现当棋盘上的空格被分隔成两个不相连的部分时,就无法继续了,必须退回上一步重新尝试。

师:非常好!因此我们尽量不要让棋盘上的空格分离,并且4个"卒"要尽量连在一起。从同学们总结出的规律中,可见如何发挥卒的作用至关重要,当然给曹操腾出位置时也要充分考虑其他大将的移动顺序。除此以外,你们还有什么发现?

生2:老师!关羽立马华容道,占用两个横格,是最难破解的。

师:是的,曹操逃出华容道的最大障碍就是关羽,所谓"一夫当关,万夫莫开",关羽与曹操的位置关系也是解开这一游戏的关键。所以我们在破阵的过程中,尽量先使关羽远离曹操。接下来,请同学们利用我们讨论出的几条规律再做尝试,已经成功突破局面的同学可以继续思考、探究解救出曹操所用的最短步数。

(再给予同学们一定的时间尝试,体会以上规律)

师:接下来,我们先一起用最短的走法来破解这一阵型。请同学们参考最短的走法:右下卒左移一,张下,关右,左上卒下,马右,左下卒上一,下卒左一,马下,关左,右卒上右,下卒上二,马右,左上卒右下,关下,上二卒左二,张上,马上,下二卒右二,关下,右上卒下左,马左,张左,黄下,曹右,赵右,左二卒上二,马左,赵下,曹左,黄上,张右,下卒上二,下卒左上,关右,赵下,马下,中卒左二,曹下,上卒右二,左卒上右,左下卒上二,马上,赵左,中卒左下,曹下,右上卒下左,黄左,张上,曹右,上卒下二,上卒下一,上卒右一,马上,赵上,下卒左,下中卒下,曹左,张下,黄右,上二卒右,马右,赵上,曹左,上二卒下二,黄左,张上,下卒右上,关上,下二卒右二,曹下,中二卒左二,关上,左下卒上右,曹右。

师:三国华容道不仅拥有深厚的文化底蕴,其多变的阵型和谋略也能够锻炼我们的观察能力和推理能力。正如数学家希尔伯特(David Hilbert,1862—1943)所说:"数学知识终究要依赖于某种类型的直觉洞察力。"其实通过计算机的测算实验,我们可以得到横刀立马经典阵型的最短步数是81步,同学们也可以再做尝试。感兴趣的同学可以利用课余时间,挑战其他阵型(阵型括号中的数字代表最短步数)(如图1.1.3)。

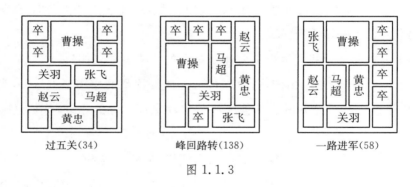

过五关(34)　　　峰回路转(138)　　　一路进军(58)

图 1.1.3

三、课后反思

三国华容道的游戏因其深厚的历史文化背景,几十种布阵方法,以及趣味性和探索性,值得学生们长期探索。在探索破局规律的过程中,通过思考分析、小组讨论的过程,培养学生的观察能力、独立思考能力和小组探究的能力。本节课的课堂氛围轻松愉悦,同学们探索了经典的横刀立马阵型,深化了对三国华容道游戏规则的认识,通过实践、经历、探索、发现、再经历的过程,找寻华容道的破解规律,提高战术技巧,并培养学生思考问题和动手实践的能力。同时,对于实践能力较强、能独立解出破阵方法的学生,仍可以继续挑战用最短步数和时间破阵,也可以尝试难度更大的布阵,以达到分层教学。综合来看,三国华容道游戏是全体学生不可多得的益智类游戏之一,对于不同水平的学生,都提供了多种玩法,既能够培养学生不断探索的能力,也能持续深化对于数学学习的乐趣。

巧手妙思齐上阵,孔明锁中有乾坤

罗逸恺

一、游戏背景

相传在中国古代的皇宫、庙宇等建筑物上,不能用铁钉或胶水连接,会破坏"风水"。由此,人们发明了榫卯结构,即用"榫卯"互锁的方式将建筑固定结合。"榫卯"的源头可以追溯到七千年以前的石器时代,几乎伴随了中国古代人用木头建造房屋的整个过程,充分体现了中国建筑的神奇奥秘。

这一高超技术也影响到了我国的周边国家,如日本、朝鲜、越南等地。而"孔明锁",又称"鲁班锁",作为复杂的"榫卯"关系的产物,在民间作为放松身心、开发大脑、灵活手指的休闲玩具而广为流传。孔明锁根据"榫卯"相互契合的原理,将一榫一卯,一凸一凹,六根木头牢固地结合在一起,其中不仅蕴含了中国古代劳动人民的智慧结晶,也见证了中国古代的悠远历史文明,为现代人传递了知识与乐趣。

二、课堂实录

以经典的"六根孔明锁"为例,我们来一起探讨如何将其进行拆分及拼装。(课前发给学生一个拼装完整的六根孔明锁)

师:现在同学们手中拿到的就是传说中的孔明锁,传说春秋时代鲁国工匠鲁班为了测试儿子是否聪明,用 6 根木条制成了一件可拼可拆的玩具,让儿子拆开。儿子忙碌了一夜,终于拆开了。这种玩具后人就称作鲁班锁。也有传说是三国时期的诸葛孔明根据八卦玄学发明的,那么今天我们就穿越时空隧道,体验一回古代人的童年。同学们可以将孔明锁的每一根进行推、拉、摇、转等,来找到解开这个孔明锁的"第一把钥匙"。同时思考拆分后怎样拼装。

生 1:我对各个木条进行了推拉,发现他们彼此咬合,丝毫都没有分开的意思。

随着时间的推移……

生2：我对木条进行了转动，发现只有一个木条可以转动，我好像找到了"入口"。

在这个同学的提示下，大家纷纷兴奋，紧锁的愁眉开始舒展。

生3：我拆开了。（该生欢呼雀跃）

下一秒，我立刻提醒学生：想想怎样拼装复原。部分学生面对散落在自己面前的六根木条，有点茫然无措。

生4：老师我已经拼装好了。

全班都很惊讶，竟然不是第一个完成分拆的生2。我投去赞赏的目光，并示意他一会和大家分享一下自己的研究过程。

又给了10分钟左右的时间，有的学生拼装了，有的还没有拼装上。学生纷纷窃窃私语，原来拼装比拆分还要难啊。于是我请生4给大家分享方法。

生4：在我知道如何拆分的时候，我没有急于拆分，而是每动一根木条就做一个标记，在找到"第一把钥匙"之后，我将它标记为6号，第二根拆分的为5号，依次类推将所有木条进行反向编号（如图1.1.4），最后按照正序，将他们依次再拼回原样即可。

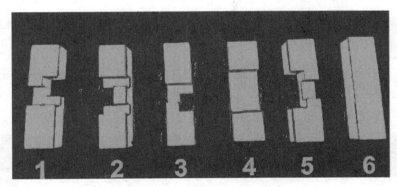

图1.1.4

师：生4同学说的非常好，拆分和拼装可以看成一个互逆的过程，因此只要在拆分时，记下拆分的顺序，再以倒序拼装，就有可能拼回去。这个方法可以节省拼装的时间，大大提高效率，也正是一种逆向思维的体现。

生5：我认为在6号木条被第一个拆开后，应当先仔细观察当前的结构后，再进行拆分,否则还原比较困难。我观察到此时,这些有凹有凸的木条通过咬合,形成了一个非常完美的平面(如图1.1.5),因此如何咬合也应当是我们要密切关注的。

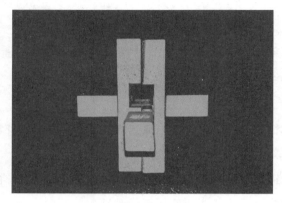

图 1.1.5

师:如果说生4同学为我们指明了大致的方向,那么生5同学是将整个过程更加细化,他观察到了凹凸的木条最终要咬合成光滑的平面是要值得注意的,那么还有什么更加优化的方法吗?

生6:我认为靠肉眼来记忆是比较困难的,因为每个木条的凹凸的特征不同,就会导致我们在拼装时,由于拼装的方向的不同,导致最终的结构发生偏差,所以我设想可以用照片的方式记录下这些木条是如何咬合的,那么我们就可以通过图片,将木条的咬合进行还原,这个还原的过程也就是将六根孔明锁拼装的过程(如图1.1.6)。

图 1.1.6

师：生6同学提到可以用技术手段来弥补我们肉眼无法实现的不足。那么大家可以进行分工合作，一部分同学进行拍照或视频的记录，另一部分同学参照记录进行拼装，这样，效率是否可以再提升一个台阶呢？

本环节中，同学们通过动手操作、小组合作、教师引导，将六根孔明锁成功地进行了分拆和拼装。同学们利用逆向思维，提出拼装孔明锁的大致方向。拼装过程中的空间想象能力也得到了充分的激活与锻炼，并且在自己空间想象能力难以实现的情况下，想到借助外力，即用拍照视频记录的方式，来进一步提升自己的空间观念，实现知识的迁移。

三、课后反思

"孔明锁"本是一个流传于民间的玩具，本节课老师带领学生们一起"玩"的同时，也拓展了学生的数学思维，将逆向思维、空间想象能力迁移到了将孔明锁拆分和拼装的过程中去，发展了合情推理和演绎推理的能力。在小组合作的过程中，每位同学的能力都得到了锻炼，同学们经历了独立的尝试，以及同伴的引领，将孔明锁拆分和拼装的过程与思路不断完善，也提高了同学们发现问题的能力和解决问题的信心。

当然，"孔明锁"除了拆分与拼装这个最基本的问题之外，还有些问题也是值得我们思考的，例如孔明锁的三视图如何建立，分拆后每个木条的凹凸部分的模型如何建立，若成功建立，那么孔明锁的表面积、体积如何求算，这对于我们拆分和拼装是否会有帮助？我们是否可以通过凹凸部分模型的调整，从而将孔明锁进行调整，进而设计出与之前不同的孔明锁呢？这样的孔明锁又如何进行拆分和拼装呢？……这些问题大家都可以去进行思考与研究！

九连环环环有法，欲解脱古人有云

周　凡

一、游戏背景

漫长岁月中，九连环历史悠久，流传甚广。自有文献记载以来，可以上溯到战国时期《战国策・齐策》："……秦始皇尝使使者遗君王后玉连环曰：'齐多知，而解此环不？'君王后以示群臣，群臣不知解。君王后引椎椎破之，谢秦使曰：'谨以解矣。'……"

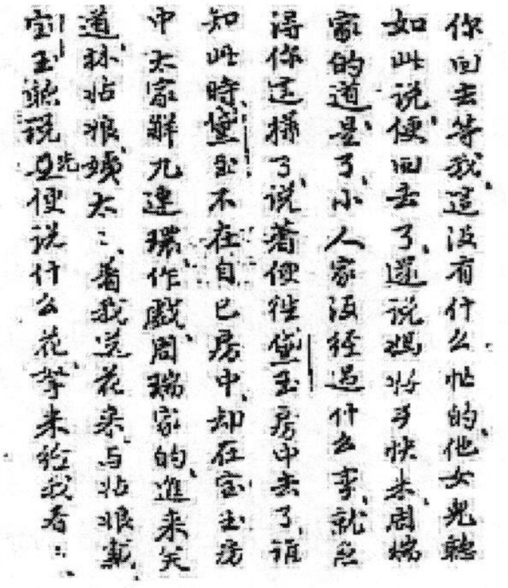
你回去等我这没有什么忙的他女儿听
如此说便回去了还说妈将手快来周瑞
家的道是了小人家没经过什么事就急
得你这样了说着便往黛玉房中去了谁
知此时黛玉不在自己房中却在宝玉房
中大家解九连环作戏周瑞家的进来笑
道林姑娘姨太太着我送花来与姑娘戴
宝玉听说便说什么花等来给我看

图 1.1.7　《红楼梦》抄本书影

清人曹雪芹名著《红楼梦》第七回，"九连环也进大观园"，记载林黛玉解九连环的情景（如图 1.1.7）。

近人徐珂著《清稗类钞》92 卷，从古今文献录条目 13 500 余则。其中物品类，赫然有九连环专条，这是今存最早记述九连环上、下环运行具体程序的文献：

"九连环，玩具也。以铜制之。欲使九环同贯于柱上，则先上第一环，再上第二环，而下去第一环。更上第三环，而下其第一、二环，再上第四环。如实更迭上下，凡八十一次，而九环毕上矣。解之之法：先下其第一环，次下其第三环更上第一环，而并下其第一、二环。又下其第三环……而九环毕下矣。"

据沈康身教授研究表明：17 世纪以前九连环已传入日本。日本学士院编巨著五卷本《明治前日本数学史》记："学士院藏有《关（孝和）流算术传书》五卷抄本，卷 2 有九连环术。"除日本外，虽然已很难考证九连环传到欧洲的确切时间，但是欧洲学者在 16 世纪以来，为之已发表论著多篇，很有见地，并称之为 Chinese rings 或 Chinese puzzle。

二、课堂实录

师：有人说数学充满符号、计算、证明，让人摸不透看不清，感觉数学是枯燥的。但其实，学习数学就像一场闯关游戏，每攻克一些难题就会闯关升级。数学是生动的、形象的、多彩的。我们的祖先将玩具与数学完美结合，创造出华容道、孔明锁等经典玩具。今天我们就来进行一场穿越古今的数学"环"游记！提到"环"，你们会想到什么游戏？

生：和"环"相关，必然是我国经典游戏——九连环啦！

师：对！我们今天就把这个"环"来好好地玩一下。在开始今天的课之前，我们先来了解九连环的构造。现在请看你们面前的九连环，观察九连环的特点，尝试将环上下移动，小组分享你们观察到的细节。

小组 A 生：我发现九连环现在是全部穿在柄上的，环环相扣，想要移动有点难度。

小组 B 生：我尝试移动后发现，只能将第一个环从柄的中间脱解下来，后面的有点摸不着头脑，谁能帮帮我呀？

小组 C 生：哇！我发现前两个环可以一起从柄中间穿过，解下来！

师：经过大家的观察和尝试，发现九连环是充满"智慧"的玩具。我们接下来一起了解九连环。

1. 九连环的构造细节

师：九连环有 9 个大小相同的圆环，依次排开，嵌套在长柄上，每环都套有等长竖杆，竖杆上端有圆扣，扣住圆环，竖杆下端伸入长板孔内后，用球状物扣牢，使竖杆可以在孔内作上下滑动，但不可脱出长板。每个圆环的竖杆都插入相邻环内，圆环可以从长柄上解下或套上。玩九连环就是要把这九个圆环全部从长柄上解下或套上。无论是解下或套上，都要遵循一定的规则。

师：九连环的九个圆环自右而左地论环序：环 1，环 2，……，环 9。长柄、圆环、长板及竖杆位置如图 1.1.8 时,称为满贯,即每环相扣,都嵌套在长柄上。

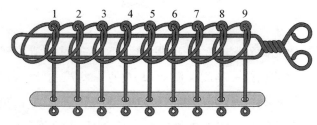

图 1.1.8　九连环满贯状态

从满贯位置的环 1 开始,按照一定顺序逐一将环 2、环 3 等卸下长柄,当所有九个圆环全部与长柄分离时,称为解脱。

师:听了这么多关于九连环的介绍,请问有同学玩过吗? 可以介绍一下具体规则吗?

生:经过刚才的尝试,我发现第一环可以自由上下,第二环可以和第一环一起上下,但不能单独解下第二环。所以我认为九连环是通过摸索环与环之间的上下调节,将每一环按一定顺序解下。

师:这位同学的发现很棒! 找出了九连环前两环的规律。大家在尝试解第三环时,是不是遇到了困难? 可以尝试多种办法,比如:前三环是一起解或者是间隔解等。哪位同学解下第三环后,请积极分享你的发现。

生:我! 老师我解下第三环啦! 我采取的是间隔拆解的,解下第一环后,第二环保留在柄上,就可以再解下第三环啦! 我认为九连环想解下第三环就必须将第一环解下,第二环保留在长柄上,按照这个规律可以顺利解下第五环。

师:请你上台展示拆解过程。

2. 九连环前三环解脱过程

如图 1.1.9,起始状态为三环均在长柄上的满贯,

(1) 一环下:拿起第一环在长柄中间放下,此时长柄上为第二、三环;

(2) 三环下:拿起第三环在长柄中间放下,此时长柄上为第二环;

（3）一环上：拿起第一环在长柄中间提起，套上长柄，此时长柄上为第一、二环（这一步是为二环下做准备）；

（4）二环下：拿起第二环在长柄中间放下，此时长柄上为第一环；

（5）一环下：拿起第一环在长柄中间放下，

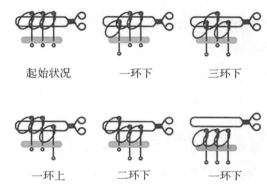

起始状况　　　一环下　　　三环下

一环上　　　二环下　　　一环下

图 1.1.9　解三连环

师：按照这个步骤，想要解下第三环，共需要多少步？

生：三连环完成解脱，至少需要移动圆环 5 次。

师：非常棒！这位同学说出了他的经验与摸索结果。大家可以在尝试一下他说的规律，是不是下一个解下的就是第五环？

生：按照这个规律，好像解不开第五环，我再试试吧……

生：老师！我发现只要解下第一环和第三环后，再把第二环解下来，就可以解下第五环了！

师：对！这位同学发现前三环都解下来就可以解开第五环了。大家应该也发现了，当我想解下第三环的时候，必须？

生：必须将第一环解下，第二环保留。

师：当我想解下第五环的时候呢？必须将前三环解下，第四环保留。其实呀，在漫长的解环探索中，人们发现了九连环的两个规则。

3. 九连环的规则

九连环的每个环是相互制约，只有第一环能够自由上下；

要想解下第 n 环（第一环除外），就必须满足两个条件：

（1）第 $n-1$ 环必须在长柄上；

（2）前 $n-2$ 环必须在长柄下。

师：现在你们知道了九连环的规则，哪位同学能尝试解下第四环？

生：按照规则，解下第四环必须先将环 1、环 2 解下，保留环 3 在长柄上，就可以解下第四环了。

师：这位同学所得完全正确。实际上，我们在操作时发现，已经解下第五环了，但是，这并不足以将前五环都解下来。请各小组进行讨论，讨论接下来应该怎么操作呢？

小组 D 生：解下第五环后，我们可以将第三环套上，以保证解下第四环的必要条件，再将前两环解下，就可以顺利解下第四环了。

师：这位同学说的非常清晰，我们发现解环时也会需要把某些环套上去。而套上一个圆环与解下一个圆环的过程正好相反，所需要的次数相同。给大家提两个问题，小组讨论并验证。请问：若从满贯状态，解下第五环，此过程最少需要移动圆环多少次？ 如果是解下前五环呢？

小组 B 生：想解下第五环，很简单，在前三环已经解下的情况后，只需再移动一次即可，所以最少需要移动圆环 6 次。

小组 C 生：如果想解下前五环，必须计算出前 4 环共需几次，感觉操作是有重复的过程。

小组 D 生：我们小组尝试解下前 4 环需移动圆环 10 次。

小组 A 生：我们小组发现解下前 5 环需移动圆环 21 次。

师：两位同学回答完全正确！看来大家解脱过程进行得都不错，那么如果想解下第九环，需要怎么做？

生：如果想解下第九环，就需要解脱前七环；想解下第七环，就需解下前五环，以此类推。

师：回答完全正确！想必各位同学对解脱九连环都胸有成竹了，快快动手完成吧！在下课前给大家留下最后一个问题，课后同学们可以一起讨论解决：若从满贯状态，解下全部 9 个圆环，达到解脱状态，此过程最少需要移动圆环多少次？

三、课后反思

九连环在结构和操作方法上独具特色，环环相扣，趣味横生。已有悠久的历史，流传地域甚广，数百年前经丝绸之路在铿锵驼铃声中远及欧洲，彰显中华传统益智玩具的特色。

解脱九连环的过程富含数学、逻辑学、运筹学、机构学等原理，不仅是手脑结合的游戏体验，更是一次穿越时空与古人的智慧对话，将玩具和数学有机结合，使玩具有了数学的文化底蕴，数学有了玩具的形象载体，珠联璧合，相得益彰。

至今仍有许多人在继续研究九连环的奥秘，可见其强大生命力，值得我们久久回味。

第二节 ┊ 经典问题:从现实到数学再归于现实

粗心大意乱丢放,概率模型帮你忙

施洪亮

一、游戏背景

图 1.2.1

生活中经常发生一些结果不确定的事,需要人们做出对结果的猜测。有些看似随机的问题,背后却隐藏着必然性。

历史上有多位有名的科学家的"抛硬币"的试验(如图1.2.1),结果记录如下:

实验者	n(总次数)	n_H(正面朝上次数)	$f_n(H)=n_H/n$
德·摩根(De. Morgan)	2 048	1 061	0.518 1
蒲丰(Buffon)	4 040	2 048	0.506 9
K. 皮尔逊(K. Pearson)	12 000	6 019	0.501 6
K. 皮尔逊(K. Pearson)	24 000	12 012	0.500 5

大家容易发现,随着 n 的增大,频率稳定在 0.5 附近。这个事实表明,偶然现象背后隐藏着必然性。"频率稳定性"就是偶然性中隐藏的必然性。"频率稳定值"($f_n(H)$)就是必然性的一种度量,反映了偶然现象发生可能性的大小。

数学上把这种在一次试验中可能发生也可能不发生,带有一定的随机性,而在大量重复试验或观察中会呈现出固有的统计规律性(频率稳定性)的事情叫做随机事件,其频率稳定值我们称之为概率。

二、课堂实录

师:同学们好,作为一个日常生活不够细致的男士,我经常碰到这种手忙脚乱找东西的情境:某个重要东西很可能放在一排抽屉中,随着一个一个抽屉的打开,还是没找到,心情会变得越来越焦虑。如果时间紧急,有时还会放弃寻找。

你们是否也有过类似的体验呢?

今天是学雷锋日。粗心的小华同学碰到了一个大麻烦,请你们帮他一起分析解决。

小华的办公桌有 8 个密码抽屉(为方便分析,分别用数字 1 到 8 编号),每次拿到一份文件后,小华都会把这份文件随机地放在一个抽屉中。但是小华平时非常粗心,存放文件时也有可能没有放进密码抽屉,而把它丢入普通抽屉(这种情况大概 5 次中会有 1 次)。当然丢进普通抽屉的文件,最终可能因定期清扫而遗失。

现在小华要在非常紧急的时间内找一份非常重要的文件,非常糟糕的是他又忘了密码,小华只能按记忆不断尝试密码试探开锁。他费尽心力终于打开了 4 个抽屉,结果还没找到文件。小华情绪非常焦虑,他是否应该果断放弃寻找,重新补做一份呢?

生 1:既然是重要文件,只能想办法先打开密码抽屉,直到找到这份文件为止;当然最后也可能悲剧地发现,翻遍了所有抽屉都没能找到这份文件。

生 2:现在问题是时间紧急,如果后面找到的希望很小,还不如另起炉灶从头来过。

生 3:放不放弃,那关键要看找到的可能性到底大不大。

师:这个同学说得非常好。决策依据是看可能性的大小,大家学过表示可能性大小的数学知识吗?

生(齐声):概率。

师:我请一个同学帮我们回顾一下古典概型的概念。

生 4:古典概型其特征为:

（1）随机试验或观察的所有可能结果为有限个，每次试验或观察发生且仅发生其中的一个结果；

（2）每一个结果发生的可能性相同。

对古典概型，某随机事件 A 发生的概率：$P(A) = \dfrac{A \text{ 所包含的可能结果数}}{\text{所有可能结果数}} = \dfrac{k}{n}$。

分别计算 k 及 n 是计算事件 A 发生的概率的基础。

师：我们回到小华找文件这个情境中，哪些问题可以用概率表示？

生5：文件最后找到的可能性就是一个概率。

生6：文件没有放入密码抽屉被弄丢，5 次中会有 1 次，也蕴含着他弄丢的概率是 $\dfrac{1}{5}$。

生7：每打开一个抽屉前，都有一个概率。

师：同学们很棒，如果大家能把小华找文件的过程中每一个抽屉的概率都计算出来，应该还可以发现规律。

生8：古典概型计算公式我们都知道，问题的关键是不知道怎么描述过程中的概率。这里有打开抽屉没找到的前提条件，有两种可能，后面的抽屉好像很难用概率描述。

生9：我猜想打开抽屉后没找到，后面找到的可能性是越来越小的。

生10：我知道，这个问题涉及的条件概率，需要比较复杂的运算推导。我们先考虑一个比较简单的情况：

假如小华打开了第一个抽屉，发现里面没有小华要的文件。这份文件在其余的 7 个抽屉里的概率是多少？

我给大家示范一下求解过程：

设事件 A：在第一个抽屉没有找到文件；事件 B：在其余的 7 个抽屉中找到文件，则所求概率为 $P(B|A)$。

根据贝叶斯公式，可得 $P(B|A) = \dfrac{P(A|B)P(B)}{P(A)}$。

对于 $P(A|B)$，当事件 B 发生时，事件 A 发生的概率显然为 1；

对于 $P(B)$，可得 $P(B) = \left(1 - \dfrac{1}{5}\right) \cdot \dfrac{7}{8} = \dfrac{7}{10}$；

对于 $P(A)$，可得 $P(A) = 1 - \left(1 - \dfrac{1}{5}\right) \cdot \dfrac{1}{8} = \dfrac{9}{10}$；

代入各值，可得 $P(B \mid A) = \dfrac{\dfrac{7}{10}}{\dfrac{9}{10}} = \dfrac{7}{9}$，解毕。

生 11：哇！好神奇。而且打开第一个后没找到能在后面找到的概率居然有 $\dfrac{7}{9}$，好像还蛮大的，那可不能随便放弃。

师：大家能否用同样的方法，计算：假如小华翻遍了前 2 个抽屉，里面都没有小华要的文件。这份文件在剩下的 6 个抽屉里的概率是多少？

生 12：应该可以用同样的思路，用贝叶斯公式算出来。

（略）

师：那下面大家考虑下面两个问题：

(1) 假如小华翻遍了前 4 个抽屉，里面都没有小华要的文件。这份文件在剩下的 4 个抽屉里的概率是多少？

(2) 又假如小华翻遍了前 7 个抽屉，里面都没有小华要的文件。这份文件在最后一个抽屉里的概率是多少？

大家猜猜：概率越来越大还是越来越小？

学生思考、讨论、计算……

生 13：算得太累了。老师，有没有简单的方法啊。

师：这个问题之所以复杂是因为小华有时候会忘记放入密码抽屉。大家能否考虑一下，如果假设他每次都放在密码抽屉，那怎么计算概率？

生 14：这就太简单了。8 个抽屉随机放，每个概率都是 $\dfrac{1}{8}$。

师：大家想想看，是否可以把忘记放入的问题转换成随机投放的模型？这样整个计算问题就可以直接回到我们熟悉的古典概型。

学生思考,师生一起参与讨论……

生 15:下面我给大家介绍一种神奇的解法:

这里找东西的难点是文件随机放,但有可能没放到抽屉中。小华的粗心概率相当于平均每 10 份文件就有两份被搞丢,其余 8 份平均地分给了 8 个抽屉。假如小华把所有搞丢了的文件都找了回来,那么它们应该还占 2 个抽屉。这让我们想到了这样一个有趣的思路:在这 8 个抽屉后加上 2 个虚拟抽屉——抽屉 9 和抽屉 10,这两个抽屉专门用来装小华丢掉的文件。

于是我们可以把题目等价地变为:随机地把文件放在 10 个抽屉里,但找文件时不允许打开最后 2 个抽屉(虚拟)。当我已经找过 n 个抽屉但仍没找到我想要的文件时,文件只能在剩下的 $10-n$ 个抽屉里,但是我只能打开剩下的 $8-n$ 个抽屉(因为那两个虚拟抽屉实际是不存在),这是一个非常普通的随机投球模型,因此所求的概率是 $P(n)=\dfrac{8-n}{10-n}$。

当 n 分别等于 1、4、7 时,这个概率值分别是 $\dfrac{7}{9}$、$\dfrac{2}{3}$ 和 $\dfrac{1}{3}$。

生 16:太厉害。过程中概率居然可以这样计算。

师:同学们理解这个投放文件模型构造过程了吗? 是不是很神奇! 大家看看这个计算结果跟大家的现实感受是否一致? 这个问题概率的变化规律搞清楚了吗? 能解释打开抽屉越来越多,心情越来越焦虑的原因了吗?

生 17:这简单。按照公式,这是一个关于 n 的减函数,所以概率越来越小。

师:你们建议小华应该怎么办?

生 18:确实,打开的抽屉越多,后面再找到的概率越小。就是没有公式,不知道概率到底多大。打开四个抽屉后还有 $\dfrac{2}{3}$ 找到的概率,小华还是应该坚持找下去,即使只剩最后一个抽屉还有 $\dfrac{1}{3}$ 的成功率呢!

师:最后给大家布置一个思考作业:

如果小华的粗心概率是一个变量 X,你能判断分析并计算最后找到文件的概率吗?

三、课后反思

本活动的设计以生活中常见的概率问题为游戏载体，以古典概型的概率计算为抓手，力图把数学建模思想融入其中。在知识背景（概率概念）的学习中，也把游戏思维和实验意识做了融入，努力达到寓教于乐。数学概念中本身蕴含着神奇的建模思想，看似运算简单，但需要学生对古典概率模型有非常深刻的认识。

但是从课堂实践的效果看，课堂气氛略显沉闷，大部分时间学生有点迷茫。毕竟构造性要求对于很多学生来说，就像天外飞仙，难以捉摸。不过成功建模后，对数学知识的成就感还是非常强的。

另外需要说明的是，本课中条件概率的计算对学生来说，难度太大，需要独立事件、全概率公式、贝叶斯公式等系统知识，很多学生无法理解没有掌握。其实对大部分学校来说，这个环节确实可以不要（原来也不是计划中的内容，只是有个别数学高手提出了就只好做下去），否则，从知识掌握角度，需要增补一堂关于独立事件、条件概率的基础课。但部分能力比较强的学生如果已经有涉猎，可以鼓励他们课后自行研学。

黄金分割怡心神，更有数列相与应

何智宇

一、游戏背景

上海教育出版社的教材中九年级第一学期第二十四章中第二节的《比例线段》中提到：如果点 P 把线段 AB 分割成 AP 和 PB（$AP > PB$）两段，其中 AP 是 AB 与 PB 的比例中项，那么称这种分割为黄金分割，点 P 称为黄金分割点。古今中外，人们把黄金分割誉为"天赋的比例法则"。符合这种分割的物体或几何图形，使人感到和谐悦目，被认为是最优美的。黄金分割被广泛地应用于建筑设计、美术、音乐、艺术及几何作图等方面。

二、课堂实录

师：同学们好，今天我们要玩一个游戏，看到我发给你们的项目清单了吧。请在表中的第一行和第二行中分别填入 $1 \sim 10$ 中的一个数字。将这两个数字相加，并把得到的和写在第 3 行。将第 2 行和第 3 行的数字相加，将它们的和写在第 4 行。第 3 行＋第 4 行＝第 5 行，以此类推，直到所有 10 行全部填满。然后用计算器计算：用第 9 行的数字去除第 10 行的数字，读取结果的前三位数。

（同学们开始热火朝天地填表、计算）

师：如果你已经算出来了，将自己的起始数字和最后的计算结果写到黑板上。在等待其他同学的间歇里，你可以改变起始数字，按照刚刚的流程再计算一下，看看你有什么发现。

（又给了一分钟左右的时间，此时大部分同学都已经按要求将情况写在了黑板上）

师：同学们有什么发现吗？

生：都是 1.61。

（同学们异口同声地回答）

师：这是为什么呢？起始数字不同，竟然都得到了相同的结果？

（我故作惊讶状，同时也发现学生陷入深思，考虑到这个问题的难度，决定给学生提示）

师：同学们是不是觉得无从下手啊，我们先一起分析一下这个问题，我们要思考的是为什么起始数字不同，但是结果却相同，所以我们就需要将起始数字一般化……

生 1：（迫不及待地脱口而出）那就设字母表示。

师：他说的非常正确，就是要把初始数字表达成字母，我们将第一行的数字和第二行的数字分别记做 x、y，这样就可以代表大家所给的任何数字了，接下来请大家用字母表示这个过程（如下表）。

第 1 行	3	x
第 2 行	7	y
第 3 行	10	$x+y$
第 4 行	17	$x+2y$
第 5 行	27	$2x+3y$
第 6 行	44	$3x+5y$
第 7 行	71	$5x+8y$
第 8 行	115	$8x+13y$
第 9 行	186	$13x+21y$
第 10 行	301	$21x+34y$

生 2：第 10 行与第 9 行的比值是 $\dfrac{21x+34y}{13x+21y}$。可是这不是 1.61 啊。

（学生举手提问，这时，我看到其他学生也都渐渐面露愁容）

师：因为 1.61 是取的前三位，所以我们需要找到 $\dfrac{21x+34y}{13x+21y}$ 的近似值。

生 3：啊？这个近似值怎么求啊？式子中都是字母，没办法计算。

师：同学们还记得我们之前学过的"加成分数不等式"吗？

对于任意两个分数 $\frac{a}{b} < \frac{c}{d}$，其中 b、d 为正数，都有 $\frac{a}{b} < \frac{a+c}{b+d} < \frac{c}{d}$。接下来，对于 $x,y > 0$，有：

$$\frac{21x}{13x} = \frac{21}{13} = 1.615\cdots \qquad \frac{34y}{21y} = \frac{34}{21} = 1.619\cdots$$

$$1.615\cdots = \frac{21}{13} = \frac{21x}{13x} < \frac{21x+34y}{13x+21y} < \frac{34y}{21y} = \frac{34}{21} = 1.619\cdots$$

（讲到这里学生们也都开始静静地沉浸在思考和书写中，个别学生的脸上还闪现着惊喜）

师：同学们觉得对这个游戏好玩吗？

生 2：有震惊（学生窃窃地笑着说）。

师：有没有同学还有什么额外的发现？

（同学们又陷入沉思）

生 3：老师，我发现结果和我们刚刚学过的黄金分割的数值接近。黄金分割定律是一个数字的比例关系，即把一条线段分为两部分，此时长的线段与短的线段之比恰恰等于整条线段与长线段之比，其数值比为 1.618：1。

师：此处应该有掌声吧！

（同学们也都恍然大悟，掌声响起）

生 4：老师，我还发现这个游戏的过程和我们之前看到过的"斐波那契数列"的规律相似，因为斐波那契数列是起始数字 1、1，然后就是用前面两个数相加得到第三个数，第二个数加上第三个数的和就是第四个数，以此类推。

师：真是太棒了，我们学科节的时候曾经研究过"斐波那契数列"，还记得吗？

生 5：我记得我们去校园数花瓣，看树枝的分叉，还在网上找到了许多大自然的图片。比如海螺、向日葵、菠萝，还有各种花。生物体的螺线、花序有着十分奇妙的规律，许多都与斐波那契数列密切相关。大自然的魔力这样大！

师：非常好，大家是否也想起来了呢，说明黄金分割与斐波那契数列有千丝万缕的联系。今天我们也欣赏一下吧。

通过代数运算，我们可以证明来源于兔子问题的斐波那契数列中两个相邻数字之间的比值与黄金比越来越接近。根据斐波那契数列定义，$F_{n+1} = F_n + F_{n-1}$，随着 n 的变大，$\dfrac{F_{n+1}}{F_n} = 1 + \dfrac{F_{n-1}}{F_n}$，等式的左边趋近 r，右边趋近 $1 + \dfrac{1}{r}$。

因此，$r = 1 + \dfrac{1}{r}$，根据二次方程求根公式，正根 $r = \dfrac{1+\sqrt{5}}{2}$。

近似取值就是 $1.61803\cdots$。

生 2：太不可思议啦！很是神奇，数学真是美妙！

师：同学们，你们今天的表现很棒，积极参与游戏，积极思考探究，积极发言。请说说自己的收获吧。

（这节课接近尾声，同学们还意犹未尽）

三、课后反思

如何激发学生的学习兴趣，如何有效地挖掘基础知识和趣味性活动的联系，尊重课本知识，关注学生的感受，基于以上的思考，设计了这节课。学生在分享自己的感受时说到触动最大的有："用字母表示使之一般化；尊重自然，发现数学之美；我喜欢探索数学不同方面的知识之间的千丝万缕的联系……"这些感受远远超越了课本黄金分割这一基础知识的内容本身。

在课堂中激发兴趣后，要有深入的思考价值，尽管某些知识点或许会超越某些学生的基础，但是他们其实是可以接受、可以理解的，比如放缩、极限等相关概念。只要愿意挑战，就能有所突破。所以，为了课后延续这种探究习惯，给出了三个课题：一是将黄金分割的案例整合，二是研究"白银分割率"及其应用；三是研究斐波那契数列的性质。大家可以自由选择、自主完成，甚至还可以提出自己想探究的、更有意思的课题。

棋盘世界错落致,黑白染色两相宜

郑国杰

一、教学背景

棋盘是生活中一种常见的物品,主要包括中国象棋棋盘(图1.2.2)、世界象棋棋盘(图1.2.3)、围棋棋盘(图1.2.4)等,很多在棋盘上的问题本身跟这些棋类并无密切关系,而是用这些方格的对称性、离散性来设计问题,包含的知识点常见有坐标系问题、幂方的问题、染色与覆盖问题、组合计数等。基于此,本课例设计了一些以棋盘为背景的问题,一起来欣赏一下吧!

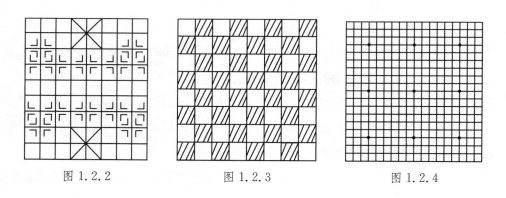

图1.2.2   图1.2.3   图1.2.4

二、教学实录

师:提到棋盘,在数学史上有一个著名的故事与之有关。古时候,在某个王国里有一位聪明的大臣,他发明了国际象棋(图1.2.3)献给了国王,国王从此迷上了下棋,为了对聪明的大臣表示感谢,国王答应满足这位大臣的一个要求,大臣说:"就在这个棋盘上放一些米粒吧,第1格放1粒米,第2格放2粒米,第3格放4粒米,然后是8粒,16粒,32粒……一直到第64格。"如果你是国王,你会满足大臣的要求么?

生1：米粒是很便宜的东西，我抓一手就有几十个。国王财力雄厚，应该是很容易能满足大臣的要求的。

师：嗯，那我们看看那个国王是怎么回答：国王哈哈大笑"你真傻！就要这么一点米粒？"。

师：我们一起来思考下国王的回答对不对？按大臣的要求，应该需要 $1+2^1+2^2+2^3+\cdots+2^{63}$（粒）米粒，这个数字等于多少呢？

生2：这个我学过，它是一个等比数列求和，可以用错位相减法，得到答案是 $1+2^1+2^2+2^3+\cdots+2^{63}=2^{64}-1$，可是 $2^{64}-1$ 是多少我不知道！

师：$2^{64}-1$ 具体是多少我也不知道，借助计算器进行计算，可知它是一个 20 位数：18 446 744 073 709 551 615，这是一个非常大的数，所以国王是不能满足大臣的要求！

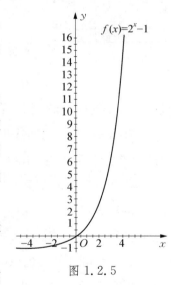

图 1.2.5

师：在这个故事中我们用到等比数列求和这个知识点，"棋盘"在这里其实是提供了"项数"的载体，使我们感受到了"指数函数"的增长是很快的，用几何画板给出幂函数 $y=2^x-1$ 的局部图形（如图1.2.5），我们可以更直观地看出指数函数的增长速度！

生3：那跟棋盘有关的还有什么问题呀，我们想继续听故事！

师：那么我们再看一个跟棋盘有关的游戏，你们要认真思考。

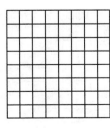

图 1.2.6

问题1：一个 8×8 国际象棋棋盘（如图1.2.6）能否用 15 个 字形纸片和 1 个 字形纸片覆盖？如果能，请画出一种拼法；如果不能，请说明理由。

生4：应该是可以的，因为从面积来看 15 个 字形和 1 个 字形覆盖面积为 64，原棋盘的面积也是 64，应该是恰好可以覆盖的。

生5:感觉不可以,因为我实验了几次,最后都有一个角落不能覆盖。

师:生4从面积角度分析,面积恰好相等,不代表就一定可行,要给出一种可行的方案;生5从实验枚举角度出发,经过几次尝试不可以,也不代表不行,因为你有限的几次尝试不行,不代表其他的尝试方法不行。所以刚才两位同学的回答都是不严谨的!

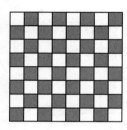

图1.2.7

师:我们给大家提供一种工具——染色,对8×8的正方形进行黑白相间染色(如图1.2.7);必然盖住2白2黑;则盖住了3白1黑或1黑3白,你们再思考一下!

生6:不能覆盖,因为像刚才那样染色,棋盘中有32个黑格32个白格,而15个字形(盖住了3白1黑或1黑3白)和1个(盖住2白2黑),总数覆盖奇数个黑格、奇数个白格,得到矛盾,故不可能按题目要求盖住。

师:很好,生6的回答很完整,利用染色原理,从奇偶性角度对格子进行染色分析,得出矛盾,导出结论!

问题2:我们再来看一个类似的问题:8×8的国际象棋棋盘能不能被剪成7个2×2的正方形和9个4×1的长方形? 如果可以,请给出一种剪法;如果不行,请说明理由。

生7:用刚才的染色原理,对棋盘进行相间染色,共有32个黑格,而7个2×2的正方形(每个覆盖2黑2白)和9个4×1的长方形(每个覆盖是2黑2白)正好可以覆盖,所以可以剪成功!

师:生7用上题的染色的方法,奇偶性是吻合的,所以得出结论可以覆盖,那你能不能给出一种具体的染色方法?

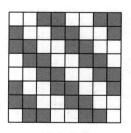

图1.2.8

生7:试了几次还是不行呀,怎么回事呀?

师:我们换一种染色方法再来判断一下,如图1.2.8,对8×8的棋盘斜条状染色,大家再来观察下!

生8:按照这种染色,每一个4×1的长方形能盖住2白

2黑小方格，而每一个 2×2 的正方形能盖住 1 白 3 黑或 1 黑 3 白小方格，那么 7 个 2×2 的正方形盖住的黑色小方格数一直是一个奇数，但图中黑格数为 32 是一个偶数。故这种剪法是不存在的。

生 7：这两种方法对比，也就是说假使有一种染色方法没有矛盾，也不能说明覆盖是可行的，必须找到一种具体的可行的覆盖方法。

师：反思的好，染色方法多数用来证明不能覆盖的，如果能覆盖只需要给出一种具体的覆盖方法就行，下面老师再给一种染色方法，如图 1.2.9，对 8×8 的棋盘染色，看谁能用它来解释。

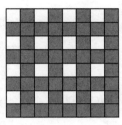

图 1.2.9

生 9：每一个 2×2 的正方形能盖住 1 白 3 黑小方格，而每一个 4×1 的长方形能盖住 4 黑或 2 黑 2 白小方格。那么 7 个 2×2 的正方形盖住的黑色小方格数一直是一个奇数，9 个 2×2 的正方形盖住的黑色小方格数一直是一个偶数；但图中黑格数为 48 是一个偶数。故这种剪法是不存在的。

三、教学反思

教学目标是感受幂级数增长的速度；体会利用染色证明区域的不可覆盖问题；通过探讨，体会棋盘的载体作用。教学重难点是级数增长的科学理解；染色方法的引入和应用。

第一部分是一个出乎意料的结果（国王不能提供要求数量的米粒），与学生原始认知形成冲突，激发学生兴趣，使学生体会幂指数的快速增长。第二部分，通过引入染色工具，证明不能覆盖的问题，将一个感觉上"似是而非"的问题用严谨的逻辑解释清楚，并设计变式练习，让学生体会不同的染色情况，进一步感受常用染色原理来证明否定结论！

寓教于乐。本课例两个问题，棋盘皆是载体，借助这个载体，把"幂级数的增长""染色覆盖问题"这些专业枯燥的知识用学生乐于接受的形式表达出来，提高了学生的参与程度，加深了学生的理解！

方寸间纵横交错，真理前动手可求

胡立明

一、游戏背景

同学们都玩过折纸，而折纸和数学也存在着千丝万缕的联系，对折纸艺术从数学的角度加以研究的这门学问称为折纸几何学，又称作折纸数理学。

1989 年，在意大利的费拉拉召开了第一届折纸科学国际会议；1994 年的第二届折纸科学国际会议上，日本学者芳贺和夫（Kazuo，Haga，1934— ）提议，在单词 origami① 的末尾加上后缀 ics，用来表示正在形成的用折纸来研究数理的一门新学问。

二、课堂实录

1. 折纸与算术课堂教学

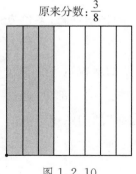

原来分数：$\frac{3}{8}$

图 1.2.10

同学们在小学和初中阶段都接触过分数的概念，这里特别强调把一个整体进行等分，而同学们完全可以通过折纸来体验什么是等分。

在分数的学习中，最重要的一个知识点就是分数的基本性质，同学们可以通过折纸获得直观的体验。将一张正方形纸片连续三次对折，即可将纸进行八等分，再将其中的三份进行涂色，即表示分数 $\frac{3}{8}$，如图 1.2.10 所示。

---

① 折纸在英语里有两种说法，一种是 folding-paper，另一种是 origami，后者来自日语。

师:如果横向再进行一次对折或者连续两次对折(如图 1.2.11、图 1.2.12),即将纸再进行二等分或四等分,请同学们观察总体和涂色的部分,有什么发现?

扩分2倍后的新分数:$\dfrac{3 \times 2}{8 \times 2} = \dfrac{6}{16}$。

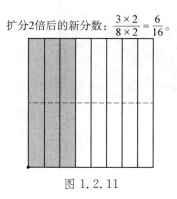

图 1.2.11

扩分4倍后的新分数:$\dfrac{3 \times 4}{8 \times 4} = \dfrac{12}{32}$。

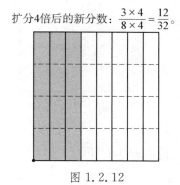

图 1.2.12

生 1:总体和涂色的份数都扩大了相同的倍数,而整个涂色区域保持不变。

师:非常好! 由此说明什么?

生 2:经过上述操作之后,涂色部分占总体的比重也保持不变。

师:这也就说明?

生 3:分数的大小不变!

同学们在学习分数乘法的时候,也可以通过折纸获得直观的体验。将一张正方形折纸进行八等分,将其中的五份进行涂色,即表示分数 $\dfrac{5}{8}$,如图 1.2.13 所示。

横向再进行四等分,将其中的三份进行涂色,即表示分数 $\dfrac{3}{4}$,如图 1.2.14 所示。

师:请同学观察图 1.2.14 两种花纹的重叠部分,说说看有什么发现?

生 4:重叠部分可以看成先取整体的 $\dfrac{5}{8}$,然后再取 $\dfrac{5}{8}$ 的 $\dfrac{3}{4}$。

师:$\dfrac{5}{8}$ 的 $\dfrac{3}{4}$ 可以用什么算式表示呢?

生 5:用算式可表示为 $\dfrac{5}{8} \times \dfrac{3}{4}$。

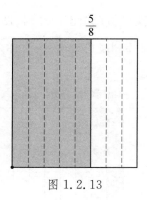

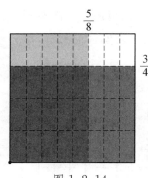

图 1.2.13   图 1.2.14

师:说说看还有什么发现?

生6:整体被平均分为 8×4 份,重叠部分为其中的 5×3 份。

师:那么就可以用分数表示为?

生7:用分数表示为 $\dfrac{5\times3}{8\times4}$。

师:因此最终我们得到了什么结论?

生8:所以可得 $\dfrac{5}{8}\times\dfrac{3}{4}=\dfrac{5\times3}{8\times4}$!

2. 折纸几何学融入课堂的两个例子

(1) 芳贺第一定理

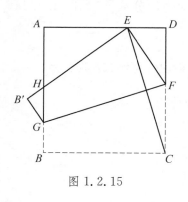

图 1.2.15

已知正方形 $ABCD$,点 E 在边 AD 上,将正方形折叠使得点 C、E 重合,折痕为 FG,其中点 F、G 分别在边 DC、AB 上,设点 B 的对应点为 B',连结 $B'E$ 交边 AB 于点 H,如图 1.2.15 所示。

不妨设正方形 $ABCD$ 的边长为1,设 $ED=x$,$DF=y$,则 $EF=\sqrt{x^2+y^2}$。又因为 $FC=1-y$,且 $EF=FC$,所以 $\sqrt{x^2+y^2}=1-y$,整理得 $y=$

$\dfrac{1-x^2}{2}$，于是我们得到 $DF=\dfrac{1-x^2}{2}$。

师：请同学们思考可以用什么方法表示出 AH 的长度？

生 1：图中有基本图形"一线三垂直"，所以由相似三角形或锐角三角比，可得 $\dfrac{AE}{AH}=\dfrac{DF}{DE}$，于是有

$$\frac{1-x}{AH}=\frac{\dfrac{1-x^2}{2}}{x},$$

整理得 $AH=\dfrac{2x}{1+x}$。

师：说得很好！那么 BH 如何表示，为什么？

生 2：$BH=1-AH=1-\dfrac{2x}{1+x}=\dfrac{1-x}{1+x}$。

师：接下来请同学们想一想，点 E 可不可以是边 AD 上的特殊点？

生 3：点 E 是边 AD 的中点？

师：嗯嗯，于是我们可以令 $x=\dfrac{1}{2}$，则有

$$BH=\frac{1-\dfrac{1}{2}}{1+\dfrac{1}{2}}=\frac{1}{3},$$

即点 H 为边 AB 的三等分点，这也就是芳贺第一定理。

师：这里还有一个更一般的结论，即当 $x=\dfrac{n}{n+1}$，其中 n 为正整数时，

$$BH=\frac{1-\dfrac{n}{n+1}}{1+\dfrac{n}{n+1}}=\frac{1}{2n+1},$$

则点 H 为边 AB 的 $2n+1$ 等分点，这是对芳贺第一定理的一般化处理。

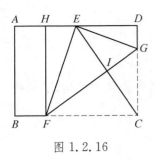

图 1.2.16

（2）折纸与 A4 纸

已知在 A4 纸 $ABCD$ 中，取 AD 中点 E，将长方形 $ABCD$ 折叠，使得点 C、E 重合，折痕为 FG，其中点 F、G 分别在边 BC、DC 上，过点 F 作 $FH \perp AD$ 于点 H，如图 1.2.16 所示。

师：请同学们参考之前的思路，来探究一下点 H 是 AD 的几等分点？

生 4：不妨设 $AB = 1$，$BC = \sqrt{2}$，则 $ED = \dfrac{\sqrt{2}}{2}$。设 $DG = x$，则 $GC = GE = 1 - x$，于是由勾股定理可知 $(1 - x)^2 = x^2 + \left(\dfrac{\sqrt{2}}{2}\right)^2$，解得 $x = \dfrac{1}{4}$，所以 $DG = \dfrac{1}{4}$。由相似三角形或锐角三角比可知 $\dfrac{HE}{HF} = \dfrac{DG}{ED}$，所以 $\dfrac{HE}{1} = \dfrac{\dfrac{1}{4}}{\dfrac{\sqrt{2}}{2}}$，解得 $HE = \dfrac{\sqrt{2}}{4}$，由此可知点 H 为 AE 的中点，即点 H 是 AD 的四等分点。

师：太棒了！另外，通过折纸的方法，也能较为直观地说明 A4 纸的长宽比，即 $AD = \sqrt{2} AB$，做法如图 1.2.17 所示。

将 A4 纸折叠，使得 B 落在边 AD 上的 E 处，折痕为 AF，其中点 F 在边 BC 上，于是就有 $AF = \sqrt{2} AB$。然后，通过折叠，观察折痕 AF 与边 AD 能否重合。

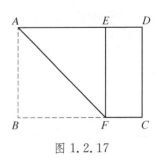

图 1.2.17

三、课后反思

通过折纸活动让学生"动"起来，让数学的学习变得更加生动有趣，让一些性质的呈现更加直观，加深学生的印象；让一些方法的讲授不局限于解题本身，而是可以融入实际应用中去。笔者只是做了初步的尝试，期待今后能有越来越多的折纸与数学教学的案例。

一笔一画有玄机，奇点偶点显威力

郑国杰

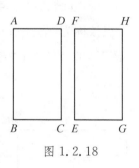
图 1.2.18

一、游戏背景

数学游戏的教学强调"寓教于乐"，让学生在动手感知游戏的过程中体会它背后的原理。本人有幸参加了我校组织的数学游戏课题组，所以设计了个简单的数学游戏"一笔画"，以期学生能通过游戏了解简单的图论知识，为日后的进一步学习打下基础，现整理成文。

二、课堂实录

首先给出一笔画的定义：从图的一点出发，笔不离纸，遍历每条边恰好一次，即每条边都只画一次，不准重复。

思考 1：图 1.2.18 能否一笔画出。

生 1：明显不可以，因为这两个部分不相连，所以没办法一笔画出。

师：很好！粗略的理解，我们要画的图形得是"连"在一起的，我们称这样的图为"连通图"，所以能一笔画的图都得是连通图。

思考 2：如果图 1.2.18 中连结 DF，这个图就成为一个连通图了，如图 1.2.19，它能否一笔画出？

生 2：还是不可以，因为我试了下从 A 点出发几种画法都不对。

师：好的！他从点 A 出发，尝试了几种画法觉得不可以。所以说这个图就一定不能一笔画出吗？其他同学还有补充吗？

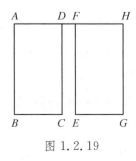
图 1.2.19

生 3:好像可以的,从点 D 出发,沿 $D-A-B-C-D-F-H-G-E-F$ 就可以了。

生 4:同样从点 D 出发,还可以沿 $D-C-B-A-D-F-E-G-H-F$ 也是可以的。

师:好的! 这两位同学都从点 D 出发,沿着不同的路径回到了点 F,完成了一笔画! 还有不同的画法么?

生 5:也可以从点 F 出发,回到点 D,相当于把刚才的路径"原路返回了"!

师:很好! 经过这三位同学的补充,我们可以看出这个图可以一笔画出,但是必须以点 D 作起点、点 F 作终点(或者反之),不能从其他点处随意起笔。那么作为起始点的点 D、F 与其他点有什么区别呢?

生 6:区别是从点 D、F 出发的有三条线,其他六个点都是两条线,也就是说两条线的"一进一出",三条线的多一个"进入"或者一个"出去",所以作为起点、终点!

师:总结的很好,我们可以再提炼一下,如果从一个点出发的线有偶数条,这个点被称为"偶点";从一个点出发的线有奇数条,这个点被称为"奇点"。一个"图"如果只有 2 个"奇点",则这个图可以一笔画出,并且 2 个奇点分别为起点、终点。

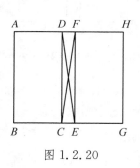

图 1.2.20

思考 3:由思考 2 知,图 1.2.20 能否一笔画出(包括确定起始点)与奇偶点的个数有关,我们进一步来分析这个图能否一笔画出,并判断起点、终点。

生 6:这个图中没有"奇点",全部是"偶点",起点可以为任意一个点,终点也为这个点!

师:很好! 也就是说如果图中"奇点"为 0 个,这个图也是可以一笔画出的,并且任一点都可作为起点,同时它也是终点,感觉是"从哪里来回到哪里去"!

思考 4:刚才讨论了奇点的个数为 0 个或者 2 个的图可以一笔画出,其他情况呢?

计算图 1.2.21、1.2.22 中奇点的个数,并分析能否一笔画出?

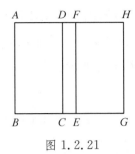　　　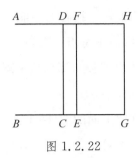

　　　图 1.2.21　　　　　　　　　　　图 1.2.22

　　生 7:两个图中奇点数分别为 4 和 6,都不能一笔画出!

　　师:好的! 经过前面四个思考问题,我们可以总结:对于一个连通图,如果图中"奇点"为 0 个或者 2 个,那么它就可以一笔画出,否则就不能! 当图中"奇点"个数为 0 时,任意一个点都可以作为起点,同时它也是终点;当图中"奇点"个数为 2 时,这两个奇点分别为起点、终点!

　　练习 1:下列的图能否一笔画出,并说明理由。

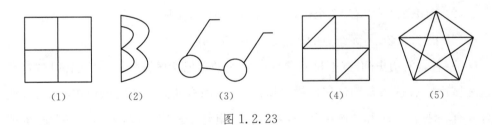

　　图 1.2.23

　　生 8:图 1.2.23 中,(1)(3)均不能一笔画出,这是因为:图(1)中有 4 个奇点,图(3)有 6 个奇点。图(2)、图(4)和图(5)均可一笔画出,这是因为图(2)有两个奇点,从其中一个奇点出发即可一笔画出,图(4)和图(5)都没有奇点,画时可以从任一点开始。

　　思考 5:刚才思考 4 中的两个图(图 1.2.21、图 1.2.22)不能一笔画出,那至少需要添加几条线才能一笔画出呢?

　　生 9:图 1.2.21 有 4 个奇点,根据前面的结论,奇点至多两个,所以添加 1 条线(例如 DE),把两个奇点变成偶点,这个图就可以一笔完成;同理图 1.2.22 有 6 个奇点,需要至少添加 2 条线(例如 DE、FC),"转化"其中四个奇点。

师:回答的很好！我们把不能一笔画成的图,归纳为多笔画图形。多笔画图形的笔画数目恰等于奇点个数的一半。事实上,对于任意的连通图来说,如果有 $2n$ 个奇点(n 为自然数),那么这个图一定可以用 n 笔画成。公式是:奇点数$\div 2=$笔画数,即 $2n \div 2 = n$。

练习 2:观察下面的图(图 1.2.24～图 1.2.26),至少用几笔画成?

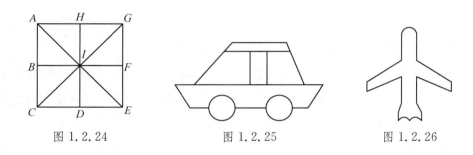

图 1.2.24　　　　　　　图 1.2.25　　　　　　　图 1.2.26

生 10:(1) 图 1.2.24 中有 8 个奇点,需用 4 笔画成,添加 3 笔成一笔画。

(2) 图 1.2.25 中有 12 个奇点,需用 6 笔画成,添加 5 笔成一笔画。

(3) 图 1.2.26 是无奇点的连通图,可一笔画成。

师:著名的历史问题(七桥问题):18 世纪的哥尼斯堡城是一座美丽的城市,在这座城市中有一条布勒格尔河横贯城区,这条河有两条支流在城市中心汇合,汇合处有一座小岛 A 和一座半岛 D,人们在这里建了一座公园,公园中有七座桥把河两岸和两个小岛连接起来(如图 1.2.27(1))。如果游人要一次走过这七座桥,而且对每座桥只许走一次,问如何走才能成功?

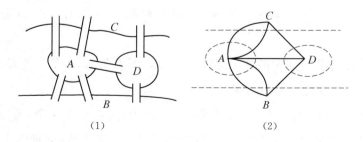

(1)　　　　　　　　　　　　(2)

图 1.2.27

这个问题引起了我们数学天才欧拉(Leonhard Euler，1707—1783)的关注，他解决这个问题的方法非常巧妙。他认为：人们关心的只是一次不重复地走遍这七座桥，而并不关心桥的长短和岛的大小，因此，岛和岸边都可以看作一个点，每座桥则可以看成是连结这些点的一条线。这样，一个实际问题就转化为一个几何图形(如图1.2.27(2))能否一笔画出的问题了。而图1.2.27(2)中有4个奇点，显然不能一笔画出。

欧拉在处理这个问题的时候只关注这些"点""线"，忽略"长度"和"大小"的想法是数学分支"图论学"研究的基本思路，他把实际问题化繁为简转换成数学模型来处理的过程，其实就是我们现在的数学建模思想，是用数学知识来指导实践生活的成功案例！

三、课后反思

本节课是通过"思考题组"的设计，让学生在思考操作过程中逐步体会到一笔画的必要条件——"连通图""奇点2个""奇点0个""奇点不能多于两个"，进而回到改造图形成一笔画问题，思路清晰，环环相扣，最后用所学知识解决历史名题，既增加了课堂的趣味性，让学生"学以致用"，同时在学生心中埋下图论学科的意识种子，期待学生能够融会贯通！

数学游戏强调"玩中玩""玩中思""玩中改""玩中学"，玩是学生的天性，合理设计引导学生思考游戏的原理，学生在理解的基础上发挥自己的创造力可以改善优化游戏，真正实现"寓教于乐"，为此问题的设计和课堂节奏就显得尤为重要，把时间还给学生、把自主权还给学生，少教多启、以启发促思考；少讲多评，以评析促消化，学生积极主动参与，促进学生数学建模等核心素养的发展！

巧妙分油智慧显，数形结合现端倪

杨　冰

一、游戏背景

在我国民间，早就传有所谓"韩信分油问题"。

故事说，汉代军事家韩信一天访友归来，途中经过一个集市，遇见卖油翁与顾客争执。买者想买 5 斤油，而卖者无法计量，因而告诉买者，要么买 3 斤，要么买 7 斤。

韩信询问得知，卖油翁的油篓中的葫芦恰好装有 10 斤油，但他仅有装 3 斤和 7 斤的葫芦，而买者执意要买 5 斤油。

韩信眉头一皱，稍加思索道："你们无须再争，以我之法保你们都满意"。韩信下马经过几次倒油，买卖双方皆大欢喜。

你知道韩信是怎么做到吗？

分油（酒/水）问题（水壶问题）是一个历史悠久、流传广泛的初等数学趣题。古往今来，在世界各地有很多种版本：

（1）（日）《尘劫记》：斗桶中有油一斗（十升），七升升和三升升各有一，今欲油分两个五升。

（2）（法）泊松（Poisson，1781—1840）分酒问题：某人有 12 品脱美酒，想把一半赠人，但只有一个 8 品脱和一个 5 品脱的容器，问怎样才能把 6 品脱的酒倒入 8 品脱的容器中。

（3）（俄）别莱利曼（Я. И. Перельман，1882—1942）《趣味几何学》（10.8 节）：一只水桶可容 12 杓水，还有两只空桶，一只容量 9 杓，另一只 5 杓，怎样利用这两只空桶来把这大水桶中满盛的水分做两半？

（4）（波兰）史泰因豪斯（Steinhaus，Hugo Dyonizy，1887—1972）《数学万花镜》（第 3 章）：我们有三个容积各为 12 升、7 升和 5 升的容器，要将装在最大容器中的 12 升酒 2 等分。

（5）（美）西奥妮·帕帕斯（Theoni Pappas，1944—　）《数学趣闻集锦（下）》：有一个 8 公升装满苹果酒的壶，和一个 3 公升一个 5 公升的空壶，你要怎么操作才能将苹果酒平分成两个 4 公升？

这些问题虽形式与内容不同，但实质上都可以表述为"如何使用多个形状不规则、容量不等的容器，将所盛液体等分"的问题。这些经典的益智趣题蕴含了方程与数形结合等数学思想方法，学生可以充分感受数学的魅力，同时也为解决生活中实际问题提供指引。

二、课堂实录

1. 问题拆解，难点剖析

师：韩信"分油"要解决的问题是什么？

生 1：将葫芦里装的 10 斤油分出 5 斤油，而能够使用的容器仅有 3 斤和 7 斤的葫芦。

这个问题是实际生活中的问题，要想转化成数学问题，需要做以下假设：

（1）"倒油"时，没有"油"外漏或遗留；

（2）三个葫芦均没有破损；

（3）三个葫芦均干净，没有污秽。

师：这个问题的解决，难点在哪里？

生 2：葫芦的形状不规则，没有刻度，无法度量"倒出的油量"与"剩余的油量"。

师：如何"倒油"，才能解决这个难题？

生 3：在倒油的过程中，只能选择把一个容器"倒空"或"倒满"，这样才能计算出"倒出的油量"与"剩余的油量"，进而才能通过不断倒油的操作，得到 5 斤油。

通过梳理与分析，将问题背景进行了初步的拆解，做出了基本假设，使得问题的解决具备可行性，同时揭示了难点在于容器没有刻度，只能通过"倒油"实现油量的加减，最终解决问题。

2. 小试牛刀,拨开迷雾

师:请同学们尝试一下,看看如何能够完成"分油"?

生1:我首先尝试了使用画图描绘出倒油的过程,发现情况比较复杂,就想到是否可以使用列表的方式,将每个葫芦里剩余油量进行记录,更加清晰、直观地呈现过程。

难点突破1:在完成第2步之后,略微停顿,发现到了这一步,只能选择将7斤倒回10斤的葫芦里,否则就会与前面重复。

难点突破2:在完成第7步之后,略微停顿,发现到了这一步,3斤的葫芦满了,不能倒入,只能倒出:(1)可以选择将1斤倒入7斤的葫芦里,这样三个葫芦的状态为0-7-3,返回第2步;(2)可以选择将6斤倒入10斤的葫芦里,这样三个葫芦的状态为7-0-3,返回第3步;(3)可以选择将3斤倒入10斤的葫芦里,这样三个葫芦的状态为4-6-0,返回第6步;(4)可以选择将3斤倒入7斤的葫芦里,这样三个葫芦的状态为1-7-2,没有与之前的步骤重复,终于发现,这一步只能选择第(4)种方式。

同样,后面的每一步,都可能出现如上的选择。避免循环出现的重复,就可以找到突破的路径,实现用11步将油平分,具体过程如表1.2.1所示。

表 1.2.1

步骤	10 斤葫芦的状态/斤	7 斤葫芦的状态/斤	3 斤葫芦的状态/斤
0	10	0	0
1	3	7	0
2	0	7	3
3	7	0	3
4	7	3	0
5	4	3	3
6	4	6	0
7	1	6	3

步骤	10 斤葫芦的状态/斤	7 斤葫芦的状态/斤	3 斤葫芦的状态/斤
8	1	7	2
9	8	0	2
10	8	2	0
11	5	2	3

再次检查时,发现,其实第 3 步可以在第一次就选择将 3 斤葫芦倒满,这样第 1～2 步可以跳过,又简化了步骤,实现 9 步将油平分,具体过程如表 1.2.2 所示。

表 1.2.2

步骤	10 斤葫芦的状态/斤	7 斤葫芦的状态/斤	3 斤葫芦的状态/斤
0	10	0	0
1	7	0	3
2	7	3	0
3	4	3	3
4	4	6	0
5	1	6	3
6	1	7	2
7	8	0	2
8	8	2	0
9	5	2	3

生 2:我跟同学的尝试方式是一样的,但是在第 1 步,选择将 7 斤的葫芦先装满,"幸运"地实现了用 8 步将油平分,具体过程如表 1.2.3 所示。

表 1.2.3

步骤	10 斤葫芦的状态/斤	7 斤葫芦的状态/斤	3 斤葫芦的状态/斤
0	10	0	0
1	3	7	0

续　表

步骤	10 斤葫芦的状态/斤	7 斤葫芦的状态/斤	3 斤葫芦的状态/斤
2	3	4	3
3	6	4	0
4	6	1	3
5	9	1	0
6	9	0	1
7	2	7	1
8	2	5	3

生 3：求解过程可能会比较长，每一个步骤都是"凭着感觉"，缺乏"方向感"，结合尝试找到的规律如下：

为避免图形与文字的复杂性，我们将三个葫芦进行符号标记：将容量 10、7、3 斤的葫芦分别记作 M、X、Y，实际含有的油量分别记作 m、x、y。容器"空"或者"不满"的状态下，可以作为一个中转站，通过"装满"，实现"分油"。

所以，初始状态：$m=10$、$x=7$、$y=3$；终止状态：$m=5$ 或 $x=5$。

第一步只有两种选择：将 10 斤油倒满 3 斤的容器或者 7 斤的容器；进入第二步，每次"倒油"，都需要进行以下 6 种选择，因此，理论上需要进行 6 次判断：

$M{\to}X$	$M{\to}Y$	$X{\to}M$	$Y{\to}M$	$X{\to}Y$	$Y{\to}X$

但是存在一些限制条件，可以减少判断的次数，否则会进入一些"无效"循环：

（1）第二步不能选择将 X、Y 同时倒满，否则接下来的步骤就要"返回"上一步的状态；

（2）不能倒回原来的容器，否则就回到了上一步，判断情况"减少 1"；

（3）如果其中一个容器"满"了，则"无法倒入"，判断情况"减少 2"；

（4）如果其中一个容器"空"了，则"无法倒出"，判断情况"减少 2"。

通过以上规则，可以减少倒油过程中尝试的次数，最终得到两组最优解，将 Y、X 倒满的具体过程分别如表 1.2.4、表 1.2.5 所示。

表 1.2.4			
情况一（从 Y 倒满开始）			
步骤	M	X	Y
0	10	0	0
1	7	0	3
2	7	3	0
3	4	3	3
4	4	6	0
5	1	6	3
6	1	7	2
7	8	0	2
8	8	2	0
9	5	2	3

表 1.2.5			
情况二（从 X 倒满开始）			
步骤	M	X	Y
0	10	0	0
1	3	7	0
2	3	4	3
3	6	4	0
4	6	1	3
5	9	1	0
6	9	0	1
7	2	7	1
8	2	5	3

生 4：在每一步倒油的过程中，我同样容易"迷失方向"，造成循环重复，所以我想到能否添加"方向"，制定规则，两种情况的步骤、规则如图 1.2.28 所示。

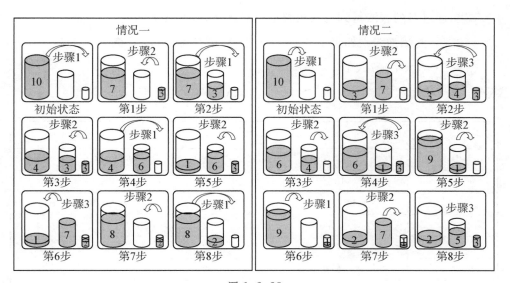

图 1.2.28

情况一:倒油方法只允许:大桶⇒小桶、小桶⇒中桶、中桶⇒大桶。

步骤1:若小桶已空,则从大桶中将油倒满小桶,否则进行步骤2。

步骤2:若中桶未满且小桶有油,则从小桶中倒油入中桶。

步骤3:若中桶已满,则从中桶中将油倒入大桶,否则返回步骤1。

情况二:倒油方法只允许:大桶⇒中桶、中桶⇒小桶、小桶⇒大桶。

步骤1:若中桶已空,则从大桶中将油倒满中桶,否则进行步骤2。

步骤2:若小桶未满且中桶有油,则从中桶中倒油入小桶。

步骤3:若小桶已满,则从小桶中将油倒入大桶,否则返回步骤1。

同学们通过使用列表法和画图法,对倒油的过程进行尝试,从盲目尝试,到找到规则减少尝试次数,再到想到制定规则直接得到最优解,这个过程中,同学们组间组内不断互动,启发思路,总结规律,为后面发现数学模型奠定了基础。

3. 代数模型,方程求解

师:对比、观察数据,有没有其他的方法可以实现目的?

生:通过对列表法得到的两组解进行对比与分析,观察到:

情况一的倒油线索如表1.2.6所示:把 X 倒空 1 次,将 Y 倒满 4 次,$3+3+3+3-7=3×4-7×1=5$。

表 1.2.6

情况一			
步骤	M	X	Y
0	10	0	0
1	7	0	3(倒满,计+1)
2	7	3	0
3	4	3	3(倒满,计+1)
4	4	6	0
5	1	6	3(倒满,计+1)
6	1	7	2

续　表

步骤	M	X	Y
7	8	0(倒空,计－1)	2
8	8	2	0
9	5	2	3(倒满,计＋1)
10	5	5	0

情况二的倒油线索如表 1.2.7 所示:把 X 倒满 2 次,将 Y 倒空 3 次,$7＋7－3－3－3＝7\times2－3\times3＝5$。

表 1.2.7

情况二			
步骤	M	X	Y
0	10	0	0
1	3	7(倒满,计＋1)	0
2	3	4	3
3	6	4	0(倒空,计－1)
4	6	1	3
5	9	1	0(倒空,计－1)
6	9	0	1
7	2	7(倒满,计＋1)	1
8	2	5	3
9	5	5	0(倒空,计－1)

所以,我们将 X 倒满、倒空的次数设为 p,将 Y 倒满、倒空的次数设为 q,这样可以得到方程:$7p＋3q＝5$。

通过分析可以得出在解决问题的过程中,M 的容量最大,倒进、倒出的限制最小,是一个中转站。而 X、Y 的倒进、倒出对于结果的影响是根本的,通过 X、Y 的不断倒进、倒出最终得到 $X＋Y＝5$。

与一般不定方程有所不同的是,在倒油问题上,p 和 q 可取正值,也可取负值。

在倒油问题中,取正整数,表示倒进(倒满才算一次);取负整数,表示倒出(倒空才算一次)。于是我们把这个不定方程求解的范围变成了整数。

不定方程整数解的个数有无数个,我们需要寻找一个最优解。这就是我们的另一个目标,即这个结果应该满足"尽快完成分油任务",即要求 p 和 q 的绝对值都比较小的解,它对应的操作次数比较少。

更一般地,在高等代数中可以证明:对任意互素的(即两数之间没有 1 以外的公约数)两个整数 a、b 总能找到两个整数 m、n,使得 $am - bn = 1$。当然,这个式子的右边可以是任意的整数,因为显然当 $am - bn = 1$ 时,$ram - rbn = r$。上述问题在这里的表达形式就是:求不定方程 $pm - qn = r$ 的整数解。

用代数的不定方程来求解这个问题,难点在于如何把分油的过程与方程建立联系,又该如何选择合适的未知量进行未知数的设定,进而建立方程。这个线索比状态转移的复杂之处就在于如何把代数解转化成可实施的操作。

4. 几何模型,状态转移

师:通过对葫芦中的油量进行符号标记,根据我们所学的知识,是否有其他的工具来进行问题的求解?

生:我们已经将容量 10、7、3 斤的葫芦分别记作 M、X、Y,实际含有的油量分别记作 m、x、y。无论怎样操作,三个葫芦所装的油总和为 10 斤,即 (m, x, y) 中 $x + y + m = 10$,我们将 (m, x, y) 看作三维数组,可以用函数图象来建立模型,m、x、y 的改变可以看作函数图象中"点的位置移动"。

师:"点的位置移动"按照什么规则?

生 1:具体过程如图 1.2.29 所示。

(1)当点落在 x 轴上时,表示 3 斤油瓶和 10 斤油瓶都为空油瓶;

(2)当点落在 y 轴上时,表示 7 斤油瓶和 10 斤油瓶都为空油瓶;

(3)当点落在 z 轴上时,表示 3 斤油瓶和 7 斤油瓶都为空油瓶;

(4)当点落在 xOz 平面上时,表示 3 斤油瓶为空油瓶;

(5)当点落在 xOy 平面上时,表示 10 斤油瓶为空油瓶;

(6)当点落在 yOz 平面上时,表示 7 斤油瓶为空油瓶;

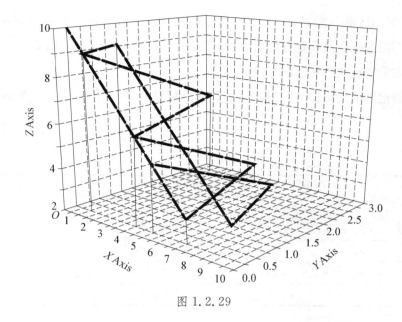

图 1.2.29

（7）当点既不落在坐标轴上也不落在平面上时，表示三个油瓶均非空油瓶。

师：这个方法是否还可以简化？

生 2：若将问题简化，当 x、y、m 中有两个量确定时，第三个量也唯一确定，因此可以用三个数中的两个数表示问题中的量，不妨选用 X、Y 葫芦来表示，即 (x, y) 中 $x + y = 5$，我们将 (x, y) 看作二维数组，可以用函数图象来建立模型，x、y 的改变可以看作函数图象中"点的位置移动"。

师："点的位置移动"按照什么规则？

生：具体的模型建立如下：

我们用二维数组 (x, y) 表示 X、Y 葫芦装油的"状态"，其中 x、y 分别表示 X 和 Y 中的油量，单位是"斤"。

容许的状态是 (x, y)：$0 \leqslant x \leqslant 7$，$0 \leqslant y \leqslant 3$。

状态容许区域如图 1.2.30 所示。

在平面直角坐标系上把分油的问题画成

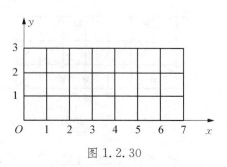

图 1.2.30

这块"可解的区域",然后把 M、X、Y 之间的倒油过程变成六种可以移动的"向量",我们把这些向量规定好之后,倒油就变成了从 $(0,0)$ 出发,最后到 $(5,0)$ 的通过六种向量完成状态转移的过程。

我们把倒油的操作与"转移状态"在容许区域中的变化,对应描述如表 1.2.8 所示。

表 1.2.8

$M{\to}X$	$(x,y){\to}(x+k,y)$	水平右移 k 格
$M{\to}Y$	$(x,y){\to}(x,y+k)$	竖直上移 k 格
$X{\to}M$	$(x,y){\to}(x-k,y)$	水平左移 k 格
$Y{\to}M$	$(x,y){\to}(x,y-k)$	竖直下移 k 格
$X{\to}Y$	$(x,y){\to}(x-k,y+k)$	沿 $135°$ 方向,向左上方移过 k 行,$k{\leqslant}3$
$Y{\to}X$	$(x,y){\to}(x+k,y-k)$	沿 $45°$ 方向,向右下方移过 k 行,$k{\leqslant}3$

移动规则:

(1) 起点 $(0,0)$,终点 $(5,0)$;

(2) 每次移动必须要到坐标轴或直线 $y=3$ 或 $x=7$ 上,坐标轴相当于"倒空",直线 $y=3$、直线 $x=7$ 相当于"倒满";

(3) 运动的方向只能是垂直,水平,$45°$ 或 $135°$ 方向。

两种情况状态转移过程如图 1.2.31、1.2.32 所示。

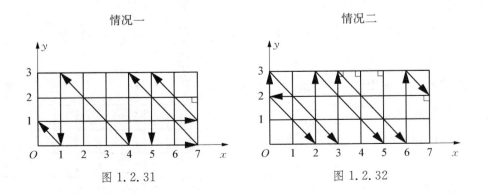

情况一   情况二

图 1.2.31   图 1.2.32

若将两种情况的分油过程合并,则如图 1.2.33 所示。

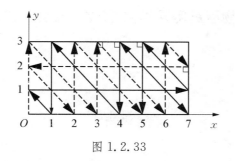

图 1.2.33

"状态转移"模型是一种用几何直观的方法。将各个葫芦里的油量看作变量，则可以运用坐标轴与平面直角坐标系内的点将倒油的状态表示出来。

三、课后反思

"韩信分油问题"是一个数学中的经典游戏，本节课老师带领同学们通过"问题拆解"，进而进行"难点剖析"，第一阶段通过同学们"初尝试"，摸着石头过河，使用列表、图象等工具发现了问题的规律；第二阶段通过"找规律"，结合逆推法、代数法等，执果溯源，确定解题的方向，从特殊到一般，找到数字规律；第三阶段通过同学们"建模型"，利用几何法，结合图象，化无形为有形。

物尽其用最优化,妙法巧成无米炊

刘广琼

一、游戏背景

2020 年,新冠肺炎疫情爆发并在全球范围内大规模蔓延,在疫情爆发初期,全世界都面临着防疫物资紧缺的局面。如今,在常态化疫情防控背景下,如何保障防疫物资的生产、优化防疫物资的全球配给、确保防疫物资作为公共产品的充足供应,这是当今世界面临的共同问题。这个问题很复杂,涉及社会、经济、政治、科技、生产力等方方面面,不过,通过适当简化的数学模型,我们可以在数学游戏中初探这个问题的解决方案,大家是否有兴趣一起来试一试呢?

将班级学生分成六组,扮演国际贸易体系下联合国的各个成员国。因各个国家发展程度不尽相同,每个小组得到的初始游戏资源也不尽相同,比如:1、2 组资源为:1 张 A4 纸、3 把剪刀、1 把直尺、2 把三角尺、2 个圆规、2 支铅笔、6 张面值 100 的代金券;3、4 组资源为:4 张 A4 纸、1 支铅笔、1 把直尺、4 张面值 100 的代金券;5、6 组资源为:10 张 A4 纸、2 张面值 100 的代金券(面值 1 的代金券等价于数量 1 的防疫物资)。每组用所给的资源,按图 1.2.34 规定的形状制作防疫物资的原材料,使自身手中 A4 纸(297 mm ×210 mm)"造"出的原材料能制作的防疫物资数量最多,并将"造"出的原材料在世界防疫工厂(由老师扮演)交易(工厂接收以下四种原材料;每一块图形上的数字代表该原材料能生产出的防疫物资的数量)。

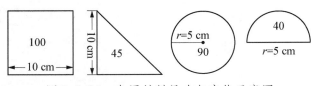

图 1.2.34 各原材料尺寸与产能示意图

游戏要求:

(1) 所造原材料形状应保持边缘整齐,并符合规定尺寸;

（2）只能用联合国所发的材料作为生产工具，各国可以在平等互利的前提下交易或租用资源和生产工具，但不能用自带的材料和工具。如有发现违规现象，在产品交付世界防疫工厂时，将削减其价值（即生产防疫物资的数量）；

（3）时间为 30 分钟。

二、课堂实录

游戏开始后，各小组在老师的引导下开展组内合作、组间合作。游戏的关键是在给定的时间内，分析并形成最优化的原材料生产策略，并利用手中的工具（包括组间合作获得的生产工具）生产出符合规定的防疫物资原材料。

师：开始动手制作原材料前，我们很自然会考虑世界防疫工厂规定的四种原材料是否有优劣之分呢，哪种图形的原材料应该优先被生产？

生 1：可以先分析每一种原材料单位面积各能生产多少防疫物资。

师：有道理，也就是单位产能，单位产能大的应该优先生产。请大家一起来算算。

生 2：圆的单位产能最大，如图 1.2.35。

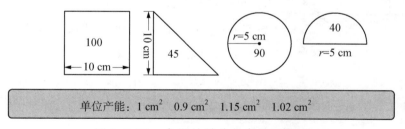

图 1.2.35　各原材料单位产能示意图

师：那是否单纯生产圆的总产能就最高呢？

生 2：不一定。

师：为什么呢？

生 2：因为是在矩形中剪圆，此时会产生较多余料，所以每种原材料的实际消耗面积并不等于自身能够有效利用的面积。

生 3：如果在 A4 纸上制作原材料，一个圆与一个正方形所消耗的原材料大小是一样的（边角料不作他用的情况下）。所以，我们在制作原材料时，实际上应优先选择正方形而不是圆，因为一个正方形的总产出比一个圆更大。

师：很好，在边角料不作他用的情况下，一个正方形和一个圆都要消耗 $10\,cm \times 10\,cm$ 的面积，所以，我们应该优先制作正方形的原材料。按照这个思路，我们来比较圆和半圆、正方形和三角形的制作优先级，能否得到相应的结论呢？

生 4：因为一个正方形所消耗的原材料大小与两个三角形一样，一个圆形所消耗的原材料大小与两个半圆一样，因此同等条件下我觉得应优先考虑正方形而不是三角形，考虑圆而不是半圆。

师：好的，大家都分析得很到位，现在可以开始动手实践了。

（各小组通过组间合作已获得了生产所需的工具和资源）

师：大家都能得到怎样的制作原材料方案呢？

生 5：我可以造 4 个完整的 $10\,cm \times 10\,cm$ 的正方形（如图 1.2.36），剩余 $97\,mm \times 100\,mm$ 的矩形无法容纳一个完整的正方形或圆。

生 6：剩余的 $97\,mm \times 100\,mm$ 的矩形不应该浪费，可以退而求其次，考虑生产三角形或半圆。先考虑产能较大的半圆，显然两个半圆可轻易摆放（如图 1.2.37），但余料依然挺多，考虑单位产能较低但面积较大的三角形。在不断试错中（如图 1.2.38），我

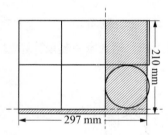

图 1.2.36　学生探究方案 1

得到图 1.2.37、图 1.2.39 两种组合方案。

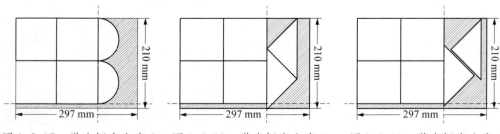

图 1.2.37　学生探究方案 2　　图 1.2.38　学生探究方案 3　　图 1.2.39　学生探究方案 4

生 7：两个三角形还有其他摆法，这是我的方案（如图 1.2.40）。

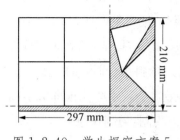

图 1.2.40　学生探究方案 5

师：非常棒！经过大家的共同努力，我们在一张 A4 纸上"造出"了价值 490 的防疫物资原材料（如图 1.2.39、图 1.2.40）。这是否就是最优组合了呢？既然是最优化的问题，我们还必须开动脑筋再挑战一下：因为这个方案留下的余料依旧不少，我们是否可以从整体出发，考虑牺牲掉一部分最大单位产能的正方形，用圆来替换，从而提高 A4 纸的整体利用效率，增加最终产出的价值？

生 8：我们可以尝试先把中间两个正方形换成圆，这种情况下，四个完整圆是无法全部放入 A4 纸内的（如图 1.2.41）。

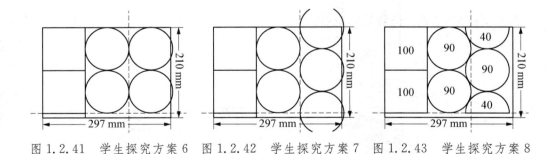

图 1.2.41　学生探究方案 6　图 1.2.42　学生探究方案 7　图 1.2.43　学生探究方案 8

生 9：我觉得考虑到圆和圆之间的空隙，可以通过圆形的平移（如图 1.2.42）及两圆相切的组合方式，尝试放入圆或者半圆，充分利用 A4 纸的空间，比如图 1.2.43 这样的组合方式。

师：这个想法很不错，此时五个圆（含两个半圆）两两相切，比较充分地利用了剩余的余料，一张 A4 纸就能"造出"价值 550 的防疫物资原材料了。

师:那么老师要继续问了,最左边的两个正方形是否也可以换成圆来尝试呢?会不会有更优的方案呢? 如果换成圆的方案比正方形产能更大,那这与我们前面按照实际消耗面积分析得到的优先生产正方形的结论是否矛盾呢?

生10:在边角料不做他用的前提下,的确是制作正方形原材料的产能大。但是,当A4纸剩余的余料与边角料组合时,可能会产生更优的原材料生产方式,此时,圆在A4纸上使用的有效面积就可能比正方形小,从而得到较高的单位产能。

师:很好,所以我们可以想到:当制作原材料的A4纸变大或者变小时,最优化的生产策略也会随之改变。下面,老师给同学们提一个问题供大家课后思考。

问题:将游戏中的资源进行拓展,如果不局限于一张A4纸,假设平面足够大的情况下,是否有更好的方案?

我们可以参考平面镶嵌的知识点,思考圆形图案的组合方式:在圆形图案彼此相切进行镶嵌的情况下,相比正方形图案,相同面积的前提下,圆形图案数量会更多,从而有可能比正方形图案产出更大。如图1.2.44:截取阴影部分的平行四边形,因平行四边形内角和为360°,四个扇形能组成一个圆形(如图1.2.44)。因假设平面面积足够大,这样截取的平行四边形可等价于制作出一个圆形原材料(请思考为什么?)。注意到平行四边形长为10,高为$5\sqrt{3}$,则等价于$50\sqrt{3}$的面积可制造90个单位的防疫物资,比正方形产能高(100的面积制造100单位防疫物资)。

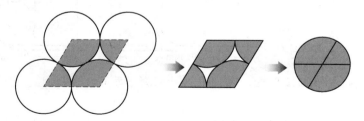

图1.2.44 圆形镶嵌方案示意图

思考:在平面足够大的情况下,之前按照实际消耗面积分析得到的结论不再适用了,为什么(实际消耗面积依赖于我们取得的材料,不同大小的材料会导致原材料的实际消耗面积不同)?

三、课后反思

1. 数学知识支撑最优化决策

防疫物资的生产是现实世界一个复杂的问题，通过适当的模型简化，我们把它变成了一个可以操作的数学游戏。我们开展这样的游戏，实际上是在探索最优化解决一个数学问题。在游戏中，每个小组通过自主思考、合作探究，充分利用规则和自身资源，利用学过的数学知识（简单平面图形面积计算、成本利润计算、图形的"平移"、几何图形位置关系、最优化和数学建模的初步思想等）解决实际问题。大家在这样的过程中不仅锻炼了空间想象力，还体会到了"数学好玩"，也能真真切切感悟到数学知识解决现实世界实际问题的强大生命力。

2. 数学游戏启发高水平应用

数学游戏的实施过程，实际上就是利用数学知识解决实际问题的完整过程。在游戏中，几何图形的选择和位置关系直接决定了原材料的产出，大家可以直观意识到自己学习的数学知识具有强大的应用背景和现实意义，从而最大程度激发自己的数学学习兴趣，提升运用数学知识解决实际问题的能力。同时，通过提出问题、研究问题、建立模型、解决问题和不断优化的全过程体验，大家能够收获处理现实生活中各类问题的一般方法，感受最优化和数学建模的思想，养成不畏困难的数学精神。

3. 过程反思养成多维度能力

在游戏中，大家是否发现：每组的工具和资源不均等，这种不均等实际代表着现实世界每个国家的资源和发达程度不一样，每个小组要模拟各个国家进行贸易合作,共享资源,才有可能取得共赢。在游戏的过程中,我们易暴露出诸多个人与小组的问题,如组内没有明确的分工合作,导致效率不够高;组间没有适时地进行资源共享(如利用代金券交易其他资源与工具,进行资源和工具的相互交换等),从而直接影响各组无法充分团队合作、无法制作满足条件的原材料等;小组在执行方案时过于急迫,没有充分地讨论,急功近利,导致可能破坏了 A4 纸的整体性,降低了 A4 纸整体价值,等等。

这时,小组成员应积极思考:

(1) 当缺乏资源或缺乏工具时,你们是如何解决的?

(2) 在寻求其他国家帮助时,如果遭到了拒绝,你会怎么办?

(3) 当你的观点与同伴的观点相悖时,你是如何处理的?

(4) 你在活动中充当了什么角色,你觉得自己对小组的贡献大吗?

(5) 每个组的初始资源不同,你觉得公平吗? 这种不公平在现实生活中存在吗?

(6) 这个成绩是否代表了你努力的结果? 是否产出高就代表了幸福感最强呢?

大家可逐渐体会各自小组在联合国中所充当的角色(如图 1.2.45),反思自己

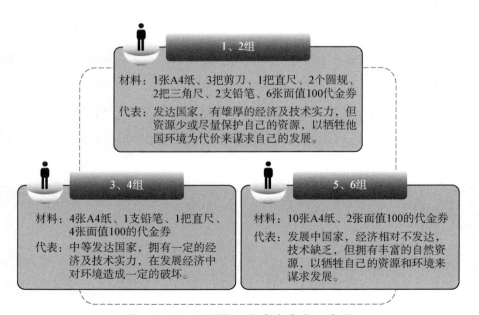

图 1.2.45 不同小组所代表角色示意图

的表现和整组组员的表现，引发对人地和谐的思考，即在当前资源分布不均、实力强弱不一、政治制度各不相同的世界格局下，唯有互尊互助，公平贸易，平等合作，共享资源，才有可能取得共赢，从而形成正确的世界观，强化多边思维和合作意识。在自主思考、合作探究的学习过程中，提高沟通技能和团队合作能力，学会整合资源，做负责任的决定，在活动体验中提升自己的综合素养。

第三节　制胜博弈：从游戏胜负技巧到博弈论

因数规律藏玄妙，奇策巧战税务员

何智宇

一、游戏背景

上海教育出版社的教材《数学（六年级第一学期）》中"数的整除"要求教师通过具体事例和问题概况，使学生经历因数、素数的概念形成，从而理解因数的概念，学会求解正整数的因数。书中给出了游戏场景：用 12 块边长为 1 个单位长度的正方形分别拼成形状不同的长方形，在平面上有多少种不同的摆法？它们的长和宽各是多少个单位？于是在游戏中学生理解了"整除""因数""倍数"的概念。

二、课堂实录

师：同学们好，我们上节课学习了因数、素数的概念，还记得一个整数的因数中最小的因数是 1，最大的因数是它本身；只有 1 和它本身这个因数的正整数为素数。今天我们来玩一个游戏，请同桌两个人分别扮演一个角色。

生：好！（学生齐声欢呼着）

师：一位同学扮演公司职员 A，一位同学扮演税务员 B。现在 A 手中有 12 张支票，面值分别是 1 美元，2 美元，3 美元，4 美元，5 美元，……，12 美元。现在游戏的规则是：A 从 12 张支票中任意拿走一张面值为 m 美元的支票，但是 A 选定一张支票后,税务员 B 就要拿走面值是 m 的因数的所有支票。以此类推进行第二轮,直到税务员没有相应因数的面值支票可拿,游戏结束。但是这时候有一个规定,余下的支票都要被税务员拿走,然后计算两个人的支票数额,多的人为游戏胜者。

(这时老师发现有些学生若有所思,有些学生则是愁眉紧锁,好像没有理解游戏规则)

师:我给大家举个例子:例如第一轮 A 拿走 8 美元,那么 B 就会拿走 1 美元、2 美元、4 美元。大家说为什么 B 拿走那三张?

生 1:因为 8 的因数是 1、2、4、8。在这里可以拿的就是 1 美元、2 美元、4 美元。

师:非常棒。接下来继续游戏第二轮,A 如果拿走 12 美元的支票,那么 B 要拿走什么支票?

生 2:找到 12 的因数是 1、2、3、4、6、12,所以他要拿走 3 美元和 6 美元的支票。

师:看来大家都知道游戏的规则了,请问接下来 A 拿走 10 美元的话,B 拿走哪些支票?

生 3:只有 5 美元。

师:大家说游戏还可以进行吗?

学生们陷入深思。

生 4:没有办法了,因为剩下的数都没有成为因数的可能了。

师:非常好! 所以游戏结束。剩下的 7 美元、9 美元、11 美元都要给税务员。那么大家计算一下两位获得的支票总和吧。

生 5:A 职员获得的是 8+12+10=30 美元;B 税务员获得的是 1+2+3+4+5+6+7+9+11=48 美元;所以税务员获胜。

师:现在大家思考能不能帮助职员 A 获胜呢? 他能获得的支票最高数额是多少? 请同桌两个人为一组讨论研究,并模拟一下你们的策略,最后分享给大家。开始你们的游戏吧。

学生们投入到热火朝天的游戏中,大概给出 10~15 分钟时间。

师:好,请大家分享一下 A 获胜的策略。

生 6:支票总金额是 78 美元,所以只要获得 40 美元就可以确保获胜。

师:大家同意这种说法吗?刚刚我们的示范中在获得 30 美元后游戏就结束了,没有机会获得 40 美元。所以在具体步骤上要怎样操作呢?

生 7:A 要优先选择最大的素数 11,这样 B 只能拿 1 美元;

生 8:对于 A 获胜的方法,就是每次选择只让 B 拿到较小的面值支票,同时与 A 的差值最大;所以在第一轮 11:1 之后,我就考虑 9:3(没有考虑 2 就是因为如果只让 B 拿到 2,那么 A 就必须拿 4,差值较小),然后是 6:2,之后是 12:4 或 10:5,到此结束。A 获得 11+9+6+12+10=48 美元;B 获得 1+3+2+4+5+7+8=30 美元。

师:考虑的角度非常值得大家学习。不仅考虑了 A 要拿走大额的面值,而且考虑到差值最大。此处要有掌声吧。

同学们热烈地鼓掌。

师:看来大家都有了热情和智慧,那么现在你和同桌两个人开始真正较量一下。现在你们的面前放着 24 张不同面值的支票,请按照刚刚的规则开始你们的游戏。依然要找到 A 获胜的方式以及最多的金额是多少。

生 9:双方的策略是 23:1、21:3+7、14:2、22:11、15:5、20:10+4、16:8、24:12+6、18:9,这样最终 A 获得的支票数额是 23+21+14+22+15+20+16+24+18=173 美元;B 获得的数额是 127 美元。

生 10:我觉得可以是 23:1、9:3、21:7、15:5、14:2、22:11、20:4+10、18:6、16:8、24:12,那么最终 A 获得的支票数额是 23+9+21+14+22+15+20+16+24+18=182 美元;B 获得的数额是 118 美元。

师:同学们的表现很棒,希望大家可以热爱数学热爱思考。课下自己探究如果是 48 美元的游戏又是怎样的呢?

三、课后反思

因数和素数对于学生来说还是比较抽象的,所以将枯燥的数学知识形态转变为有趣的且能被学生理解的教育形态，是非常重要的。创设合理的游戏，在不断试错中寻找解决问题的钥匙，经历着观察、比较等交流活动。在这个游戏中，学生不仅仅要复习因数的知识点，而且在实际生活的背景中，要考虑获胜的策略，如何最大限度的拿到大额的面值，这也是激发学生们兴趣的地方，是许多学生课后激烈讨论的地方，也是课堂上波澜不断、不断优化的地方。所以说，学生在游戏场景中会具有强烈的内部动机，会受环境刺激、同伴影响，它有调节情绪、认知、人际关系的作用，也有调节自我效能的作用，能让学生自主地创造和愉悦地体验。让课程知识有效地与游戏结合吧。

与其恋子以博弈，不若弃之而取毕

杜 莺

一、游戏背景

尼姆游戏又称中国二人游戏，是一种两个人玩的回合制数学战略游戏，源于中国民间，于十八世纪传入欧洲，被欧洲人称为"中国尼姆"。

尼姆游戏的规则很简单：两名游戏者轮流从若干堆硬币中取走若干个（一次只能从其中一堆拿，不可以跨堆拿，也不可不拿），取走最后一枚硬币的就是赢家。

这是一个关于"取到最后一个物品的人获胜"的游戏，属于经典的巴什博弈游戏。博弈，是研究聪明的、理性的决策者之间的冲突与合作的数学模型，现如今广泛地应用在各种行为关系中，是人类、动物、计算机的逻辑决策科学的统称。尼姆游戏（巴什博弈）是一种"零和游戏"，即参与博弈的一方获益必伴随着另一方的损失，双方不会展开合作。

二、课堂实录

师：同学们，你们听说过尼姆游戏吗？

生：没有，是数学游戏吗？

师：听起来，这是不是像外国游戏？ 其实，尼姆游戏又称中国二人游戏，是一种两个人玩的回合制数学战略游戏，它源于中国民间，在十八世纪传入欧洲，还被欧洲人称为"中国尼姆"。

生 A：那么尼姆是个人名吗？ 怎么会是外国名字？

师：倒也不是，传说"尼姆"是音译广东话"拧法"，也就是古时候的火柴游戏。

今天我要说的尼姆游戏的规则很简单：两名游戏者轮流从若干堆硬币中取走若干枚，一次只能从其中一堆拿，不可跨堆拿，也不可不拿，取走最后一枚硬币的就是赢家。

生 B:我好像没听懂规则。

生 A:我也是。

师:那我们来模拟玩一轮游戏,在过程中理解规则。你们看,规则中没有限制硬币的堆数,我们就不多不少用 3 堆,比如初始硬币数量为 3、5、7 的情况。你们可以先猜一下,两个人进行游戏,谁会胜利? 是不是公平的? 为了方便起见,第一次先取硬币的人叫"先手",后取硬币的人叫"后手"。

生 A:那我来当"先手",和生 B 挑战一下!

生 A:我是先手,我们试了 3 轮,结果都是我赢了。

生 B:确实,我都输了,不过也许我换一种策略就能赢。

生 C:我刚刚也在和生 D 玩,我也是先手,我就输了,这不一定代表什么,与玩的人的方法有关系。

师:是么? 有多少同学认为先手的胜利会成为一种必然呢?

(此时,只有 3 位同学举手)

师:原来,有时候真相掌握在少数人手里! 同学们,这个局里的先手是可以获得必胜的!

(学生七嘴八舌……)

师:静一静,我知道你们要问为什么。其实这里有一个"尼姆和"的概念,如果将开局时每堆的硬币数量用二进制数表示,再将所有数相加但是不用进位,把这个和称为"尼姆和"。我们可以计算一下,当尼姆和不为 0 时,先手必胜;反过来就是后手必胜。来,比如刚才的 3、5、7,换算成二进制相加结果为 001(如图 1.3.1),这个"尼姆和"就不为 0,就是先手必胜了。

$$\begin{array}{r} 1\ 1 \\ 1\ 0\ 1 \\ 1\ 1\ 1 \\ \hline 0\ 0\ 1 \end{array}$$

图 1.3.1

生 C:那我为什么输了?

师:我们用"尼姆和"来判定输赢,是判断在理想情况下谁有获得胜利的必然性,如果必胜的人没有使用通往胜利的策略,那当然还有输的可能啊。

生 C:我还是不太明白,不是必胜么。

生 A:你输是因为没有用正确的策略,如果你用了我的策略,你会像我一样必胜。

生 D:但是不可能每次开局都去计算"尼姆和",这样太浪费时间了。

生 E:是的。我们肯定要找出一些实用的技巧。

师:太好了,这就是我们今天讨论这个游戏真正的意义。我们完全可以从最简单的情况开始。为了讨论方便,我们先定义:

获胜状态:用$(p,q,\cdots,r)$表示尼姆堆状态(其中字母的顺序无关紧要)。假定进行到某种状态后,"后手"一定能获取胜利,则称这种状态为后手的一种获胜状态。

同学们可以想一下,最简单的局面是什么?

生 A:当然是$(1,1)$了,我可以写一下获胜过程:

$(1,1)\rightarrow(1,0)\rightarrow(0,0)$。

　　　 先手　　后手

生 A:其实像$(1,2)$这种也很容易。

情况 1:$(1,2)\rightarrow(0,2)\rightarrow(0,0)$。

　　　　　 先手　　后手

情况 2:$(1,2)\rightarrow(1,0)\rightarrow(0,0)$。

　　　　　 先手　　后手

情况 3:$(1,2)\rightarrow(1,1)\rightarrow(0,1)\rightarrow(0,0)$。(先手的获胜策略)

　　　　　 先手　　后手　　先手

师:那么$(2,2)$是如何呢?同学们是否可以用数学办法记录一下有可能的过程。

生 B:我用了类似树状图(如图 1.3.2)的方式画下来。

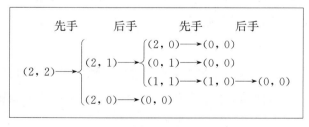

图 1.3.2

生 C:不论先手一开始如何取硬币,后手都可以获得最终的胜利。

师:很好啊,那么(2,2)就是后手的获胜状态了。其实,(2,2)这个状态很特殊,它的两堆硬币数量相同,也就是说,这种状态是对称的。接下来请同学们探索一下对称状态,也就(p,p)状态对后手是不是一种"获胜状态",这里的 p 是任意正整数。

生 C:这个问题非常容易,无论先手如何拿取硬币,后手只要在另一堆硬币中拿取一样数量的硬币就可以了。

师:回答得也太迅速了,为什么呢?

生 C:我们已经知道(1,1)、(2,2)这两个对称状态对于后手是获胜状态,那么不论先手如何取硬币,后手只要跟着在另一堆硬币中拿取一样数量的硬币,把状态变成数量更小的(q,q)($q < p$),一直这样进行下去,一定可以化为(1,1)或者(2,2)的情况。

师:非常好的结论,那也就是说,如果是两堆硬币的局面,我们是不是只要想办法转化为对称状态就可以了?

生 ABCD:是的,是那么回事。

师:那我们接下去探索三堆硬币的情况,从哪里开始呢?

生 A:(1,1,1)最简单了,先手怎么都能赢!

生 B:这个太简单了,没什么价值的,根本不可能到了这么少的时候再去思考怎么获胜。

师:那么我们考虑稍微复杂的状态:(1,2,3),大家试一下这个。

生 E:这个问题比上一个问题复杂一些了。我使用了刚才的树状图的方式完成了枚举,想要表示出所有先手取物的可能性,从而研究后手的相应策略。我发现后手总有办法将局面变为对称状态,问题也就迎刃而解了。

师:你来画一下(如图 1.3.3)。

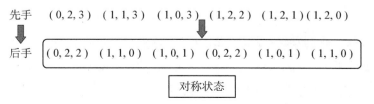

图 1.3.3

生 F：老师，这两种情况单一，硬币数量一多，马上就乱套了。

师：是的，我们的研究还没有结束。现在，同学们可以从特殊到一般，自主探索 $(1, 2n, 2n+1)$ 状态对后手是获胜状态，注意，这里的 n 是正整数，$2n$ 表示与 $2n+1$ 相邻的偶数。

师：我看有些同学画出了树状图，但是对于结果的解释还未能统一。时间不够的话，我们可以课下继续探讨。下课。

三、课后反思

在现有的中学数学课程中，对于博弈论的正式学习几乎是空白的。事实上，这是高等数学的一个重要分支，广泛地运用于解决各种实际问题。对初中生来说，用游戏的方法来学习这种晦涩的数学逻辑能够增强学习兴趣，加深学习体验，也能将已有的知识经验很好地用于学习。针对初中学生善于动手的特征，在"尝试"中找寻规律，潜移默化地体会特殊到一般的数学思想方法，以及化归问题的途径，甚至感受了一把数学建模的乐趣。对于学有余力的同学，可以将游戏延伸：

对于 $(1, 2n, 2n+1)$ 状态，如果 $n > 1$，我们可以画出类似的图（如图 1.3.4）。

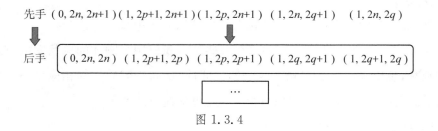

图 1.3.4

图中，p 和 q 都是小于 n 的正整数，$2p$、$2q$、$2p+1$、$2q+1$ 分别表示比 n 小的偶数和奇数。我们发现，经过一轮的取物，或者进入对称状态 $(0, 2n, 2n)$，或者进入比 n 更小的 $(1, 2p, 2p+1)$ 结构。也就是说，只要不断地按照这个策略进行游戏，后手都会将状态无限逼近 (p, p) 或者 $(1, 2, 3)$，后手都将必胜。

　　其实，类似尼姆游戏的取物游戏还有很多种可能，比如威索夫游戏：先把硬币放成两堆，两堆中的数量是任意的。然后轮流从甲、乙两堆中拿走一些硬币，原则是或只从甲堆中拿走一些（包括全部）；或只从乙堆中拿走一些（包括全部）；或从甲乙两堆中拿走相同的数目。取走最后一枚硬币的就是赢家。

　　这个规则似乎只是在每一轮的取物中多处"从两堆拿走相同数目"这一种可能，但问题的思考途径就大不相同了。

囚徒困境现博弈,推理论证思均衡

马晓煜

一、游戏背景

囚徒困境是数学博弈论中的一个非常经典的案例,涉及纳什均衡的概念,也反应个人最佳选择并非团队最佳选择的结论。在数学游戏课堂中,学生对博弈论相关的问题表现出较高的学习热情,通过囚徒困境问题的分析、思考和讨论,培养和提高学生的逻辑思维能力。

博弈论又被称为对策论,既是现代数学的一个新分支,也是运筹学的一个重要学科。博弈论也应用于数学的其他分支,如概率、统计和线性规划等。博弈论的思想古已有之,中国古代的《孙子兵法》不仅是一部军事著作,而且算是最早的一部博弈论著作。近代对于博弈论的研究,开始于策墨洛(Zermelo,1871—1953)、波雷尔(Borel,1871—1956)及冯·诺伊曼(John von Neumann,1903—1957)。1928 年,冯·诺依曼证明了博弈论的基本原理,从而宣告了博弈论的正式诞生。1944 年,冯·诺依曼和摩根斯坦(Oskar Morgenstern,1902—1977)共著的划时代巨著《博弈论与经济行为》将二人博弈推广到 n 人博弈结构并将博弈论系统的应用于经济领域,从而奠定了这一学科的基础和理论体系。1950—1951 年,约翰·福布斯·纳什(John Forbes Nash,1928—2015)利用不动点定理证明了均衡点的存在,为博弈论的一般化奠定了坚实的基础。纳什的开创性论文《n 人博弈的均衡点》《非合作博弈》等,给出了纳什均衡的概念和均衡存在定理。尽管博弈经济学家很少,但其获诺贝尔奖的比例最高,最能震动人类情感的是博弈,对未来最有影响力的还是博弈,且生活中处处有博弈。

二、课堂实录

师:同学们,今天我们将一起探究经典的博弈问题——囚徒困境。在分析这个问题之前,我们先来思考这样一个有趣的问题:在一个风雨交加的夜晚,当你开车经过一个车站时,正好遇到三个人在焦急地等待公交车。一位是生命危在旦夕的老人;一位是曾经救过你性命的医生,可以说是你的恩人,你做梦都想报答他;还有一位是你的生死至交,如果这次错过了这个朋友,你肯定一辈子都会后悔。但你的车却只能再坐一个人。你会选择让谁坐上你的车呢?

生1:让老人上车,只有他有生命危险!

生2:让朋友上车,医生可以来日再报答,顺便打急救电话救人。

师:两位同学都言之有理,第二位同学试图帮助更多的人,不错! 同学们想想,是否还有更优的方法?

生3:把车钥匙给医生,让他带着老人去医院看病,我留下来陪着朋友在雨中漫步。

师:非常好! 这其实就是生活中的博弈问题。

生4:如何理解博弈呢?

师:简单来说,博弈就是指如何在有限条件下做出最优选择的一种策略。

师:接下来,我们一起来看著名又有趣的"囚徒困境"问题。警察抓住了 A、B 两个罪犯,将他们隔离审讯,并分别跟他们讲清了他们的处境和面临的选择。警察说:"如果你们都坦白了罪行,那么证据确凿,两人都被判有罪,且各被判刑 8 年;如果只有一个人坦白,另一个人没有坦白反而抵赖,则以妨碍公务罪再加刑 2 年,而坦白者因主动认责可被减刑 8 年,立即释放。如果两人都抵赖,则警方因证据不足无法判罪,但因你们私入民宅要各被判刑 1 年。"基于上述规则,为使利益最大化,站在完全理性的角度,A、B 两罪犯应该选择坦白还是抵赖呢?

生1:应该选择坦白,因为假如对方抵赖了,就可以立即无罪释放,这是最好的结果。

生2:可假如对方也坦白,岂不是两个人都要获刑期 8 年?

生3:应该选择抵赖,因为假如对方也抵赖,那两个人都可以获最轻的刑罚。

师:同学们的说法都各有道理。请大家继续思考,结局和什么有关? 解决这个问题的关键是什么?

生4:结局和双方的选择息息相关,尤其还要思考对方可能采取的选择。

师:很好！在这一问题中,我们不妨将两个罪犯都看作纯"理性人"。也就是说,他们只关心如何使自己的利益最大化,他们只关心如何减少自己的刑罚,而不在乎对方被判刑的年数。那么两人的结局会有几种?

生1:4种。

师:哪4种?

生2:分类讨论,A招B招,A招B不招,A不招B招,A不招B不招。

师:非常好,逻辑很清晰。这4种情况下,请大家思考讨论,A和B会如何推理和选择呢?

生3:站在A的角度:假如B不招供,A只要招供,就可以立即无罪释放;若不招供,则需要判刑1年,显然A招供更有益;

生4:没错,可假如B招供了呢?

生1:假如B招供了,此时A不招供,则需要被判刑10年;而如果A招供了,则获刑期8年,对比之下,A还是招供更好。

生2:这样分析下来,不管B招不招供,A都选择招供,这对他更有益。

师:同学们分析得很到位。如果站在B的角度,他会如何分析呢?

生3:站在B的角度,他应该也会这样分析推理,过程类似。

生4:对,假如A不招供,B招供,B就可以立即释放;若B不招供,他还需要被判刑1年,所以B会招供。

生1:假如A招供,B不招,会被判刑10年;如果B招供了,则获刑期8年,对比之下,B还是会招供。

师:非常好！经过同学们的分析,我们发现,招供对他们个人来说都是最佳的选择,符合个体理性的选择。大家继续思考,从整体看,两人都获刑期8年,是不是最优的结果?

生2:不是,如果他们都抵赖,两人都只需要获刑期1年,这是最好的结果。

师:是的,其实囚徒困境问题,也告诉我们一个道理:从个人利益出发选择的最优策略(在本问题中即为招供,两人各获刑期8年),从整体看却不一定是个好的结果(整体看,两人均抵赖,获刑期是最低的),个人利益和集体利益之间可能存在冲突。

生 3：在不够了解对方的情况下，通过理性分析，招供是最优策略。但如果 A 足够了解 B，也可以通过猜测 B 的选择而改变策略。

生 4：是的。假如 B 是一个刚正不阿的人，A 自然要马上招供；假如确定 B 是一个谎话连篇的人，A 也可以改变策略，马上抵赖。

师：同学们分析的很透彻！按照博弈论的概念，我们得出的结论，即两人都招供，是本问题的唯一平衡点，也称为纳什均衡。简单来说，如果破坏这一平衡，比如某人单方面改变选择，那他只会得到更差的结果。而在其他情况，比如两人都抵赖时，任何一个人改变策略为招供，都会获得更好的结局。

师：基于我们已有的分析，是否有可能走出囚徒困境？

生 1：在这个问题中，A、B 两人通过严谨的分析，明白了自私自利的后果就是各获刑期 8 年，导致集体失利。如果他们都相信对方不会招供，那么合作拒供的结果也可以出现，那么可以达到集体结果更优，当然选择抵赖需要运气。

师：非常好，如果可以克服信任问题，那么合作达成也是可能的。通过这节课的学习，你们有哪些收获？

生 2：生活中处处存在博弈问题，今天的囚徒困境问题就是一个典型的模型。

生 3：这个问题也涉及纳什均衡的概念，我们可以通过分析不同的情况得出纳什均衡点。

师：希望同学们通过今天的学习可以明白什么是博弈，如何思考比较复杂的问题，以及如何分析推理，有兴趣的同学也可以课下再对博弈论的其他经典问题做深入探究。

三、课程反思

本节课例介绍了博弈论的相关背景知识，以及经典的数学问题——囚徒困境。课堂上，通过分析讨论让学生参与推理的过程。在游戏完成后，引导学生深入思考、分析囚徒困境问题的关键点，以及分类讨论不同选择对应的不同结果，如何打破这一困境等，培养和提高学生的逻辑思维能力。同学们对这类问题有很强的兴趣，在思考和推理的过程中充分感受逻辑的严密性及数学的趣味性。

第二章

生也游戏进数学

第一节　传统风云:旧事新探

那么还是劈兰罢,这样更有趣味些

张 罟

"我看还是劈兰罢,这样更有趣味,"淑华眉飞色舞地抢着说。

"好,我赞成劈兰,"琴难得看见觉新有这样的兴致,心里也高兴,就接口说。"顶多的出一块钱。四妹人小,不算她。"

"好极了,我第一个赞成!"觉民在旁边拍手叫起来。

"也好,我有笔有纸,"觉新看见大家都这样主张,也就没有异议,便从怀里摸出一管自来水笔和一本记事册,从记事册里撕下一页纸,一面把眼光在众人的脸上一扫,问道:"哪个来画?"

——巴金《春》

社团的同学们已经在一起相处了一年多的时间,社员们总想要一起出去玩一次,但高中任务多,每个人的时间也对不上。

社长:高三暑假去团建吧!

施宇:这就想高三暑假啦?

社长:那可不! 到时候吃饭绝对别 AA,太没意思了。作为数游社的……怎么也得用数学的方法来决定谁付多少。

宋师:来跟我 PK 一下 SET 牌!

施宇:这谁能赢啊? 抽签不好吗。把费用写在纸条上各自抽。

秦阳:抽签太没意思了。用计算器按随机数 1~5。

社长:但是如果用计算器的话,数字重复怎么办?

秦阳:那就每次抽完以后,后面数字都向前替补。

社长:啧,都没意思。其实我已经想好了。中国古代有一个非常雅致的"劈兰"妙法。在巴金的激流三部曲中的《春》和《秋》中便提到了劈兰这一游戏。劈兰是中国民国时期的一种餐桌游戏。多人聚餐前,抑或聚餐时,先唤人拿来纸笔,在白纸上画一丛兰花。然后,由执事人暗自在每一叶兰花的根部作上记号,标上出钱的数量,各个不等,也有标"白吃(即免费)"的。执事人用手遮住画的下半截,让每个参与者挑选。你挑到哪一枝,就顺着往下找到结果,找到了,不管多少都得认。

施宇:这也没啥意思啊。

社长:你可小看它了。巴金在《春》里说:"我看还是劈兰罢,这样更有趣味。"玩起来自然就有趣味了。

社长:假设有五个人,赵钱孙李周,五个人各要付 100、50、30、20、0。然后画成这个样子(如图 2.1.1)。

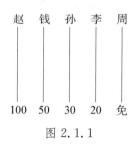

图 2.1.1

秦阳:啊,其实就是爬梯子是吧。

社长:然后在竖线之间加横线,横线可高可低、数目不定,但不能形成十字交叉,相邻的横线也不准相接。画完以后从各自的开头往下走,碰到横线就拐弯,就能到各自的终点了。

施宇:会不会有重复啊?

社长:很会找重点嘛。劈兰有一个非常有趣的特点,它一定是一一对应的。你们证明一下?

宋师:怎么回事?突然就开始上课了。不是讨论团建吗?

秦阳:这不是很简单嘛。

如图 2.1.2 是一个项目数为 4 的劈兰,在开始之前四条线从左至右依次对应 A、B、C、D 四个项目。接下来我们将每个"梯子"延长,并分别将"梯子"编号(如图 2.1.3)。

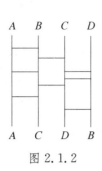

图 2.1.2

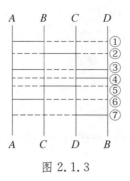

图 2.1.3

在①层时,可知 A 与 B 互换了位置,此时四条线从左至右依次对应 B、A、C、D。

在②层时,可知 A 与 C 互换了位置,此时四条线从左至右依次对应 B、C、A、D。

在③层时,可知 B 与 C、A 与 D 互换了位置,得到 C、B、D、A。

……

通过这个推理知道,每次遇到"梯子"都是"梯子"两端的项目互换位置,不会出现有一个项目与另一个项目重叠的情况,自然也不会有遗漏的情况。

社长:嗯……这是一个非常容易理解的证明方法,但从数学的角度来说不太严谨。唉,给点提示吧(图 2.1.4、图 2.1.5)。

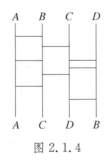

图 2.1.4

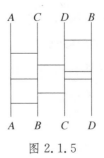

图 2.1.5

宋师:?? 你还备课了?

施宇:这两个劈兰游戏是逆过来的。

宋师：在一特定劈兰游戏中，从初始项目 A 出发到达的结果 a 所经过的路径，与结果 a 反向到达项目 A 所经过的路径一样。由此可知劈兰游戏中一个初始项目到对应终点的路径是唯一确定的。于是有一个结果仅可倒推回一个初始项目。

社长：思维很快，就是……考试拿不到分。（笑）看看严谨的证明过程吧。

根据劈兰游戏可逆性证明其不重不漏的性质。

1. 不重复性

假设有两个项目（A 和 B）会到达同一个终点（a）。

此时从终点 a 倒推回初始项目。由刚刚的结论，终点 a 只能回到一个初始项目。而条件中有两项目可到达 a，与可逆性矛盾！

可知，劈兰的各项目不会重复到达同一个结果，即不重复性。

2. 不遗漏性

由不重复性可知，每个初始项目一定可以找到其唯一的终点，反之亦然。又有初始项目数等于结果数，可证明其不遗漏性。

设共有 x 个初始项目和 x 个结果。若有一个项目被遗漏，即无法到达一个终点，那么剩余的 $x-1$ 个项目要对应 x 个结果。由抽屉原理，至少有两个结果对应同一个项目，与不重复性矛盾！

可知，劈兰的各项目可以找到有且仅有一个对应的结果。不重不漏性得以证明。

社长：关于劈兰……我还有很多问题折磨你们呢？课后还可以研究更多问题，比如如何添加最少的梯子使劈兰成立？梯子数量是否影响劈兰结果？……

劈兰游戏是中国古代的传统游戏，现在的流传度却不甚乐观，对劈兰游戏的破解和改进都可以让它更有趣且更有实用意义和价值。

关于劈兰，还有更多有价值的问题值得去研究。

自己绘制一个项目数为 2 且竖线数量大于项目数的较复杂的劈兰（如图 2.1.6），得出最后的结果，试想：如何用最少的横线使两个项目的结果反过来？将原来的劈兰游戏化简后最少需要多少条横线使结果反过来？

同学们在课后时间也思考了很多关于劈兰游戏的问题，并且对其进行了推理与验证，让我们来总结一下吧！

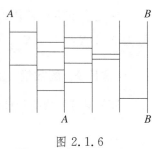

图 2.1.6

（一）牢骚数定理

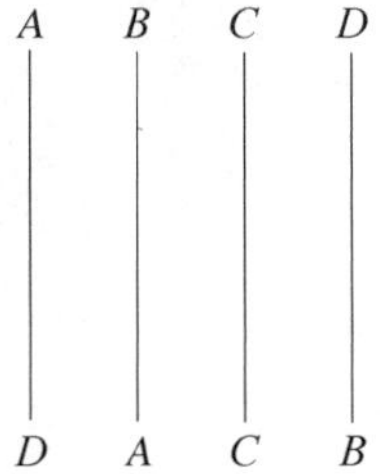

如果将劈兰中的梯子去掉，只留下初始情况和结果（如图 2.1.7），如何反推出梯子的位置和数量呢？初始情况和结果不变时，梯子共有多少种情况呢？如何使梯子数最少呢？

图 2.1.7

这里我们将每个项目比作身高不同的小朋友，从 A 至 D 依次变高，初始时以 A、B、C、D 的顺序看电视。由于身高差异，每个人都能看见电视（如图 2.1.8）

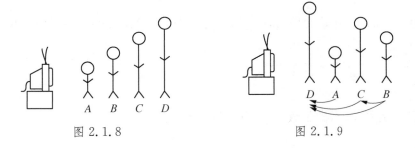

图 2.1.8   图 2.1.9

再将结果排出来（如图 2.1.9），此时 A、C、B 都看不到电视了，所以他们要向挡住他们的人发牢骚。

A 向他前面的 D 发牢骚；C 向在他前面并挡住他的 D 发牢骚，B 向在他前面并挡住他的 C、D 两人发牢骚。接下来我们将他们的牢骚总数加起来，得到"牢骚数"为 4。那么此时，这个劈兰的梯子数就等于"牢骚数"等于 4。我们将这个定理称为"牢骚定理"。

接下来我们对这个定理进行证明。

首先将该定理转化为数学语言。我们将各小朋友从左至右从矮到高分别标号为 X_1，X_2，$\cdots$，X_n。对于 X_j 位于 X_i 前方且 $j > i$（i，$j = 1, 2, \cdots, n$），记 $\delta_{X_i} =$ 这种 X_j 的数量。那么 $\sum\limits_{i=1}^{n} \delta_{X_i} = \delta_{X_1} + \delta_{X_2} + \cdots + \delta_{X_n}$ 即为最少梯子数。

接下来分为两部分对牢骚数定理进行证明。（"$[X_i, X_j]$"表示 X_i 位于 X_j 左侧）

1. 对于特定劈兰，梯子数 $\geqslant \sum\limits_{i=1}^{n} \delta_{X_i}$

每一次经过梯子，即为梯子两端的项目进行一次交换。对于每一次交换，有两种情况：

1）$[X_i, X_j]$ 变为 $[X_j, X_i]$（$i > j$）。

此时，δ_{X_i} 不变，δ_{X_j} 减一。于是有 $\sum\limits_{i=1}^{n} \delta_{X_i}$ 减少了一。

2）$[X_i, X_j]$ 变为 $[X_j, X_i]$（$j > i$）。

此时，δ_{X_j} 不变，δ_{X_i} 加一。于是有 $\sum\limits_{i=1}^{n} \delta_{X_i}$ 增加了一。

另一方面，一开始的排列有 $\sum\limits_{i=1}^{n} \delta_{X_i}$ 个牢骚，但每次交换最多只能减少一个牢骚，故至少需要交换 $\sum\limits_{i=1}^{n} \delta_{X_i}$ 次。

2. 对于特定劈兰，当梯子数为 $\sum\limits_{i=1}^{n} \delta_{X_i}$ 时结果成立

对于该劈兰，进行如下操作：

1）若存在相邻 $[X_i, X_j]$ 使得 $i > j$，则交换它们（即在此两个项目间增加一个梯子），使 $\sum\limits_{i=1}^{n} \delta_{X_i}$ 减少一；

2）若不存在 $[X_i, X_j]$ 使得 $i > j$，则此时排列一定变化为 X_1，X_2，$\cdots$，X_n，结束。

由这种操作，每次进行交换都会减少一个牢骚，这时，便进行了 $\sum\limits_{i=1}^{n} \delta_{X_i}$ 次交

换。证明结束。

此处我们可以从计算机语言的角度更加深刻地理解牢骚数定理的原理。

其实在计算牢骚数时，我们计算的是每个"小朋友"各被多少人挡住的总和，同时也是每个"小朋友"各挡住了多少人的总和。现将对相邻 $[X_i, X_j](i > j)$ 的交换称作"有效交换"。每一次进行有效交换即将个子高的小朋友与个子矮的小朋友进行交换，使牢骚数减一。个子高的小朋友挡住了几个个子矮的小朋友，就要进行几次交换。故梯子数最少为牢骚数。

于是在操作时，我们先判定这两个小朋友的身高是否会造成一个牢骚，若造成则交换，若不造成则跳过该对小朋友。这样下来每次操作一定都是有效操作，不存在将个子高的小朋友换到个子矮的小朋友前面的情况。这样的操作可以看作是一个排序的过程。用 python 命令计算机对一串数字进行冒泡排序时，便是比较前两个数大小，若前者大于后者则交换，否则就跳过该组。这样下来是较严谨且快速的排序方式。

得出结论后，我们来完善上文提出的这个劈兰问题（如图 2.1.7）。

首先从移动距离最长的 D 开始。D 从第四列移动到第一列，需要三个梯子才能达成（如图 2.1.10）。三个梯子加完后可以看出，A 与 D 已经到达了正确的位置，而 B 与 C 的位置反了。于是我们在三、四列间增加一个梯子（如图 2.1.11）使 B、C 位置互换，从而达到目标。

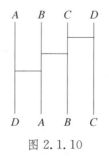

图 2.1.10

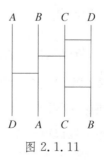

图 2.1.11

可以发现，我们构造出的劈兰有 4 个梯子，也就是最少的情况。

如果要增加梯子数，应该在哪里增加呢？

如图 2.1.12 我们发现，这样的劈兰中，项目初始与结束情况是不变的。那么如果在原图中加入形如图 2.1.12 的梯子，就能在不改变原结果的基础上增加梯子数（如图 2.1.13）。

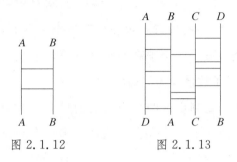

图 2.1.12   图 2.1.13

明白了这个道理后，我们还可以将十分复杂的劈兰进行简化，只需去掉形如图 2.1.12 的梯子，在不改变结果的基础上能更容易看出最后的结果。

（二）劈兰的奇偶性

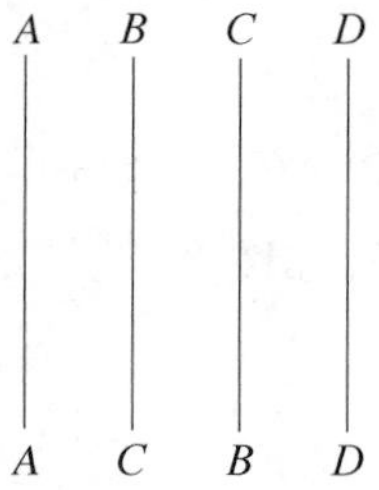

如图 2.1.14 所示劈兰，显然只需在项目 B 和 C 中添加一个梯子就可以了，因为此时 $\sum_{i=1}^{n} \delta_{X_i} = 1$。但是若要求添加四个梯子使其成立，是否可行？

答案是不可行。每加一个梯子，便是使 $\sum_{i=1}^{n} \delta_{X_i}$ 加一或减一。为使最终的 $\sum_{i=1}^{n} \delta_{X_i} = 0$，每增加一个牢骚数就必定要减去一个，所以当梯子数为 $\sum_{i=1}^{n} \delta_{X_i} + 2k$（$k \in \mathbf{N}^*$）时，该劈兰成立。于是有：一个劈兰的梯子数与该劈兰的牢骚数同奇偶。

图 2.1.14

通过劈兰的可逆性证明了劈兰不重不漏的原因：每一次经过梯子即为两项目的交换，每个项目都有且仅有一个对应的结果。然后引入"牢骚数定理"，证明其正确，并运用此定理破解了劈兰中的最小梯子数问题：在一特定劈兰中，需要至少添加 $\sum_{i=1}^{n} \delta_{X_i}$ 个梯子才可使劈兰成立。接着提出劈兰的化简法，即找到等价的梯子，使劈兰游戏更加新颖。

中国节里中国结，曲曲折折纽结圈

张　罟

中国结是一种手工编织工艺品，它身上所显示的情致与智慧正是汉族古老文明中的一个侧面。中国结的编法多种多样，有简单的也有复杂的。那么是什么让中国结种类变得那样丰富又富于变化呢？

社长：同学们春节快乐！

秦阳：红包拿来。

社长：（忽略不计的眼神后说）既然过了中国节，今天我们就聊一聊中国结吧。

秦阳：中国结有很多编织方法。我们做什么呢？

社长：中国结的造型多种多样，就不得不提纽结了。

宋师：不会是拓扑吧？

社长：提到纽结，确实很多人都会想到高深的拓扑学。但其实，纽结最初的意思是盘扣，也就是古代服饰上用来固定衣襟的中国结。

现在来说现代数学研究中的纽结。

简单来说，就是由一个或多个绳打结以后各自头尾相连所组成的解不开的圈。

你们猜用一到三个环能组成多少种纽结？

秦阳：可以算，就是有点花时间。毛估几十种吧。

施宇：哪有那么多！

社长：现在已有的用1～3个环组成的完全不同的纽结有如下这么多种（如图2.1.15）。

社长：所以，中国结有这么多种样式，就很好理解了。

施宇：这里面有重复的吧。

社长：很好，这就引申出了一个问题：怎么判断两个纽结完全不同（即不等价）？

秦阳：其实就是把几种纽结等价变换的动作列举出来，一个个排除就知道了。

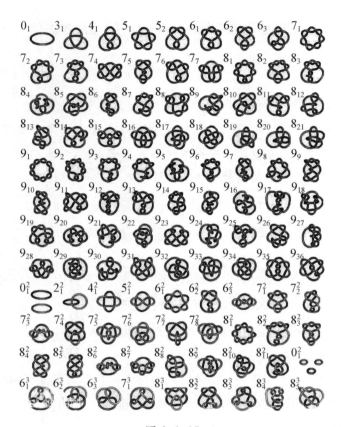

图 2.1.15

社长：不愧是秦阳。1927 年，J. W. 亚历山大（J. W. Alexandre）和 G. B. 布里格斯（G. B. Briggs），以及库尔特·莱德迈斯特（Kurt Reidemeister）独立地提出了如何判定两个结是相同的方法：如果由一个结可以透过几种基本的动作变成另一个结，它们便是相等的。这些运算称为 Reidemeister 移动（基础变换）。

基础变换有：在两个方向扭曲和解开；将一条链完全移到另一条链上；完全在一个十字路口上或下面移动一根线（如图 2.1.16）。

社长：基础变换也有一些性质，如组合性、局部性和基础性。

秦阳：组合性就是基本变换可以任意先后组合；局部性是只能在局部上发生变换，不能涉及变换外部的线。基础性是啥？

社长：基础性是禁止跨越、翻滚。现在，我们已经有一堆定义和性质了，那么

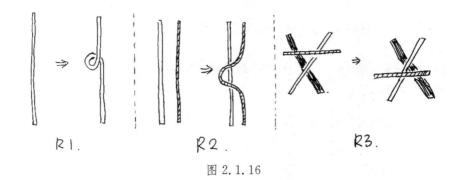

图 2.1.16

该怎样判断两个纽结是否可以通过基础变换互相转化呢？

秦阳：其实就是要找到一个不变量，如果有两个纽结中的该不变量相等，那么这两个纽结就是等价的。

社长：确实如此。数学家琼斯（Vaughan Jones，1952—2020）的思路是把不变量的构造交给多项式的计算，因为多项式有充分多的系数。基础变换有这些：在两个方向扭曲和解开（R1）；将一条链完全移动另一条链上（R2）；完全在一个十字路口上或下面移动一根线（R3）。（图 2.1.17 中三种花纹代表不同的绳子）

但尖括号多项式的局限在于 R1（如图 2.1.18）。

于是就有了琼斯多项式。用它可以轻松分辨两个纽结是否等价，这里以左、右手三叶结为例（如图 2.1.19）。

社长：最后来看看来源于 Matrix67 的有趣的纽结问题。

图 2.1.20 中的图（a）是由三个绳圈组成的。这是一个非常经典的图形，叫做博罗梅安环（Borromean rings）。博罗梅安环有一个非常神奇的特点：它们是套在一起的，没有哪个绳圈能从中取出来；但是，仔细观察就会发现，每两个绳圈之间都并没有直接套在一起！博罗梅安环还有一个听上去更离奇的性质：如图（b）所示，如果把其中任意两个绳圈真的套在一起，那么第三个绳圈就会自动脱落掉！为了看出这一点来，我们可以像图（c）那样，把其中一个绳圈缩小，让它紧紧地裹在另一个绳圈上，这下就很容易看出，它已经不再对第三个绳圈有任何限制作用了。

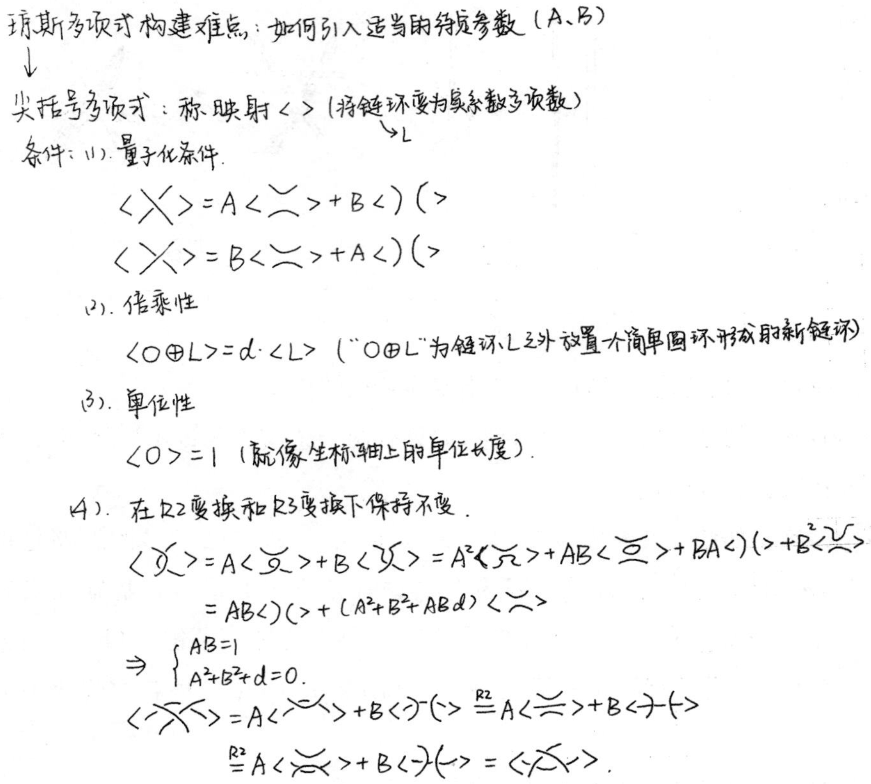

琼斯多项式构建难点：如何引入适当的待定参数（A、B）

↓

尖括号多项式：称,映射 < > （将链环变为复系数多项数）
　　　　　　　　　　　　　　　↳L

条件：⑴. 量子化条件.

$$\langle \times \rangle = A \langle \smallsmile \rangle + B \langle)(\rangle$$

$$\langle \times \rangle = B \langle \smallsmile \rangle + A \langle)(\rangle$$

⑵. 倍乘性

$$\langle \bigcirc \oplus L \rangle = d \cdot \langle L \rangle \quad (\text{"}\bigcirc \oplus L\text{"为链环 L 之外设置个简单圆环形成的新链环})$$

⑶. 单位性

$$\langle \bigcirc \rangle = 1 \quad (\text{就像坐标轴上的单位长度}).$$

⑷. 在 R2 变换和 R3 变换下保持不变.

$$\langle \mathord{\asymp} \rangle = A \langle \mathord{)(} \rangle + B \langle \mathord{\asymp} \rangle = A^2 \langle \mathord{\asymp} \rangle + AB \langle \mathord{\asymp} \rangle + BA \langle)(\rangle + B^2 \langle \mathord{\asymp} \rangle$$

$$= AB \langle)(\rangle + (A^2 + B^2 + ABd) \langle \smallsmile \rangle$$

$$\Rightarrow \begin{cases} AB = 1 \\ A^2 + B^2 + d = 0. \end{cases}$$

$$\langle \mathord{\times} \rangle = A \langle \mathord{\asymp} \rangle + B \langle)(\rangle \overset{R2}{=\!=} A \langle \smallsmile \rangle + B \langle \mathord{\rightarrow} \rangle$$

$$\overset{R2}{=\!=} A \langle \smallsmile \rangle + B \langle \mathord{\rightarrow} \rangle = \langle \mathord{\times} \rangle.$$

图 2.1.17

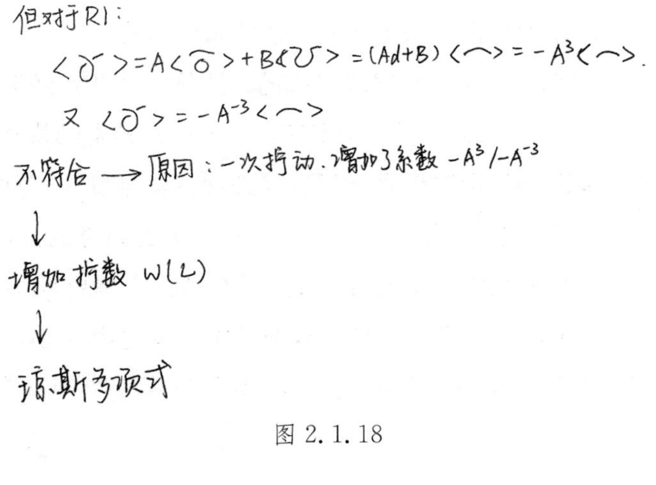

但对于 R1：

$$\langle \mathord{\gamma} \rangle = A \langle \mathord{\frown} \rangle + B \langle \mathord{\smallfrown} \rangle = (Ad + B) \langle \frown \rangle = -A^3 \langle \frown \rangle.$$

$$又 \quad \langle \mathord{\delta} \rangle = -A^{-3} \langle \frown \rangle$$

不符合 ⟶ 原因：一次拧动,增加了系数 $-A^3 / -A^{-3}$

↓

增加拧数 $w(L)$

↓

琼斯多项式

图 2.1.18

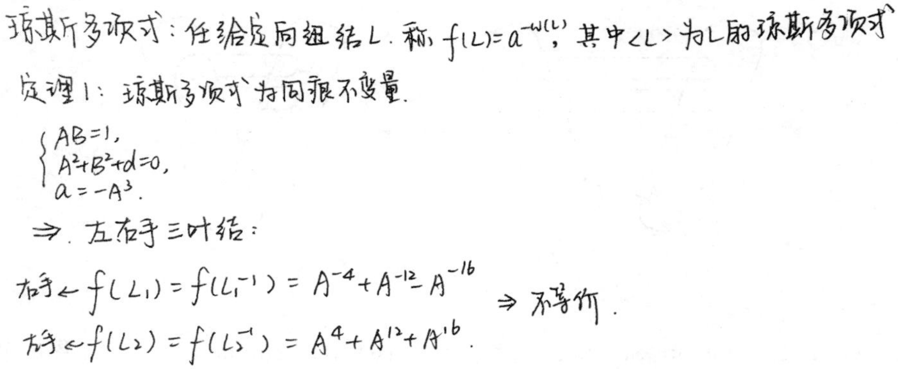

琼斯多项式：任给定向组结 L，称 $f(L) = a^{-w(L)}$，其中 $<L>$ 为 L 的琼斯多项式

定理 1：琼斯多项式为同痕不变量。

$$\begin{cases} AB=1, \\ A^2+B^2+d=0, \\ a=-A^3. \end{cases}$$

$\Rightarrow$ 左右手三叶结：

右手 $\leftarrow f(L_1) = f(L_1^{-1}) = A^{-4} + A^{-12} - A^{-16} \Rightarrow$ 不等价。

左手 $\leftarrow f(L_2) = f(L_2^{-1}) = A^4 + A^{12} + A^{16}$.

图 2.1.19

(a)   (b)   (c)

图 2.1.20

为了增强演示时的效果，我们试着把博罗梅安环中的其中两个绳圈先拉开来，此时第三个绳圈将会变成图 2.1.21 所示的样子。

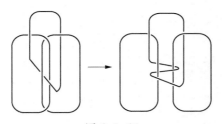

图 2.1.21

于是，一个小魔术就诞生了。像图 2.1.22 中的左图那样，把一根细线圈缠绕在两个别针上，容易验证这个线圈是取不出来的。现在，把两个别针别在一起，线圈就奇迹般地自己脱落出来了。

去掉任意一个绳圈，都会解开其他所有的绳圈，满足这种条件的绳圈组叫做

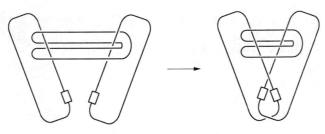

图 2.1.22

Brunnian link。Borromean rings 就是一个最简单的 Brunnian link。如果 n 个绳圈套在一起，并且任意去掉其中一个绳圈都会同时解开其他所有套着的绳圈，我们就把它叫做 n-component Brunnian link。

解不开的歧中易，摘不下的九连环

丁嘉玲

一朝别后，二地相悬。

只说是三四月，又谁知五六年？

七弦琴无心弹，八行书无可传。

九连环从中折断，十里长亭望眼欲穿。

——两汉卓文君《怨郎诗》

　　九连环是历史悠久的中国古代益智玩具，民间有谚语"解不开的歧中易，摘不下的九连环"，也有成语"九九连环"。二者都比喻难解的谜题。但其实传统的歧中易不难解开，摘下九连环也不是毫无可能。不过说起从中折断……这怎么看也不像是能折断的样子啊！

　　此次的介绍者"大泛"同学端着箱子走进教室，手上拿着九连环："同学们知道这是什么吗？"同学们交头接耳："九连环啊，这谁不知道。""但是不知道是怎么玩的，听说特别复杂。""环都卡在上面了，真的能全部都拿下来吗？""古代的人到底是怎么发现这种复杂的玩法的，好厉害。"……

　　大泛："那大家就上来每人领取一个九连环试试怎么玩吧。"同学们涌上讲台，拿着九连环开始摆弄。

　　京芇："第一个环可以随便动！"

　　个化程："对，一二环都可以自由取下。但是后面的环就没法自由地动了。"

　　晓千秋："为什么我觉得我的扭在一起了动不了？"

　　大泛："可能有些同学已经有一些手感了，但大家都听好，接下来讲解的是九连环的玩法：对于上面的每一个环，只有在前面相邻的一个环在柄上，同时在前面的所有环都不在柄上的时候才可以移动，这也是为什么京同学和个同学发现第一二个环可以随意取下。推广到再后面一些的环，比如说右手拿住柄，从左到右分别记为1～9环（图2.1.23），那么4环取下或套上的条件就是3环在柄上同时1、

2 环不在柄上。"(为了方便起见我们把 1 环所在段记为前段)

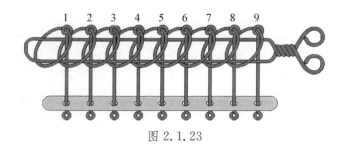

图 2.1.23

大泛："只有 1 环是可以随意取下和套上的,但因为 2 环与 1 环连在一起,1 环取下时 2 环也变得可以取下,1、2 环就相当于一起被取下了。同学们可以先来试试前三个环是怎么取下。"

京芹："我理解了！把 1 环取下后再把 3 环取下,这样就只剩 2 环了。再把与 2 环相邻的前一个环也就是 1 环套上,2 环也可以下来了。最后再把 1 环取下,前三个环就可以完整地取下了。"

晓千秋："啊？可是我这个怎么还是卡住了？快来帮我看看。"

大泛："你这是上下环的方式不对哦,每个环上下时都要先经过中间那根椭圆柄的中部,再把环套上去,就像这样(如图 2.1.24)。再试试看看(具体步骤如图 2.1.25)。"

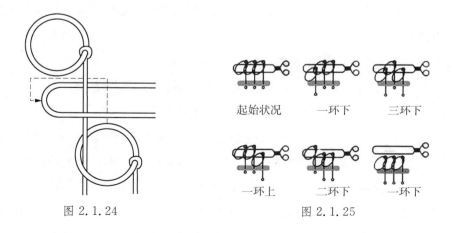

图 2.1.24

起始状况　一环下　三环下

一环上　二环下　一环下

图 2.1.25

大泛:"由此就可以推及全部九个环的上下了,大家试试。"

同学们聚在一团,尝试着将全部九个环都取下来。个化程取得快,取下 8 环时突然愣住了:"啊,要把 9 环取下意味着 8 环要在柄上,又要把刚刚取下的 8 环套上柄。"一拍额头,"白把 8 环取下了。"

大泛:"没错,如果没有搞清环的取下顺序,可能会做重复而无用的功哦。那大家思考一下,怎么样能使得取下全部九个环的步骤最少呢?"

京苄:"那一定是要先取下 9 环,取下 9 环需要取下 1～7 环,所以先要取下 7 环。"

个化程:"对,千万不要先把 8 环取下……"

晓千秋:"那按这样说,是由后向前依次取下,且有些很复杂取下的环还要再次放上去,比如说想要取下 8 环时,需要 7 环在柄上,需要把刚刚为了取下 9 环而取下的 7 环再次放上柄。"

京苄:"好复杂,全部取下得要几百步了吧。"

晓千秋:"……枚举?"

个化程:"……拒绝。"

京苄:"有什么简洁数出步数的方法吗? 比如说化成二进制或者其他什么形式的表现形式就可以一目了然了。"

大泛:"问得好,但不是二进制,而是另一种由二进制转化而来的二进制格雷码(Binary Gray Code)。格雷码与二进制的转化方式如下:现有一个二进制数,将它从右到左检查,如果其左边是 0,该数字不变;如果其左边是 1,该数字改变。比如二进制数 101010 转化为格雷码后是 111111(如图 2.1.26)。现在我们把套上的环记为 1,取下的环记为 0,以三个环为例:由全部取下(格雷码 000)到全部套上(格雷码 111)需要经过 000 - 001 - 011 - 010 - 110 - 111,恰好符合格雷码的递进规律,一共

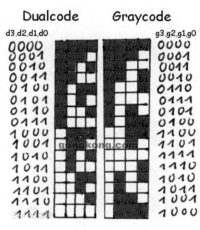

图 2.1.26

需要 6 步。这也是装上三个环所需要的最少的步骤了。九连环取下所需要的最少步骤也是广为讨论的一个话题呢。"

晓千秋:"那么全部九个环取下就是由格雷码 000000000(二进制 000000000)到格雷码 111111111(二进制 101010101)需要二进制 101010101 步,转换为十进制就是……341 步,这是最少步骤吗?"

大泛:"没错。"

京芇:"好厉害!没想到古代这样看似锻炼手巧的游戏还与计算机知识有关!"

大泛:"所以说数学是一门奇妙的学科啊!"

第二节 经典游戏:故游重拾

人间原有雷客行,侠气一扫万事清

何诗喆

扫雷是 Windows 系统自带的经典游戏。周侠因为机缘巧合再次与它相逢。这一次,他不会再放手。让我们跟他一起一探究竟,成为"雷神"。

寒假初始,周侠本与同学约好组队打一个联机游戏,结果发现自己未成年受到时间限制,能连续玩的时间连一个本都打不下来,遂放弃。周侠同学还是想找游戏玩。同学打本之中抽空给了他点建议,让他玩玩 Windows 自带的几款小游戏。周侠很久没碰过单机了,倒也起了些兴趣。

打开游戏资源管理器,他的目光落在扫雷上。很多年前玩过它。第一次见到还以为是个军事游戏,没想到,点开来满屏的数字,数字表示的是它周围 8 个格子中雷的数量。当年初级和中级都还能玩一玩,高级随便一点就踩中雷,他觉得无趣,很快就放弃了。不如今天,就来试试高级。高级局,16×30 个格子,99 个雷。

第一下点得好,开出了不少(如图 2.2.1)。当年具体怎么扫雷的,周侠已然不记得了。现在的周侠快速思索,迅速确定了许多雷。这些锯齿状的边缘是尤其好的开局,因为已经点开的数字周围和仅剩的不确定格子数相等而确定不少雷(如图 2.2.2)。

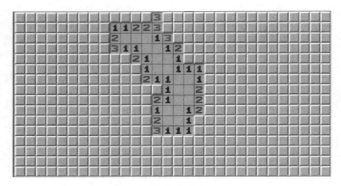

图 2.2.1

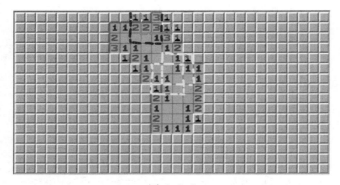

图 2.2.2

确定了一些"雷"以后,周侠看到有些数字周围已经确定了和数字相匹配的雷数,那么其余空的格子就可以点开了,破解的局面就可以进一步扩大了。就用这一个方法,周侠扫出了大半的界面(如图 2.2.3)。这时的局面,周侠已经不能凭借

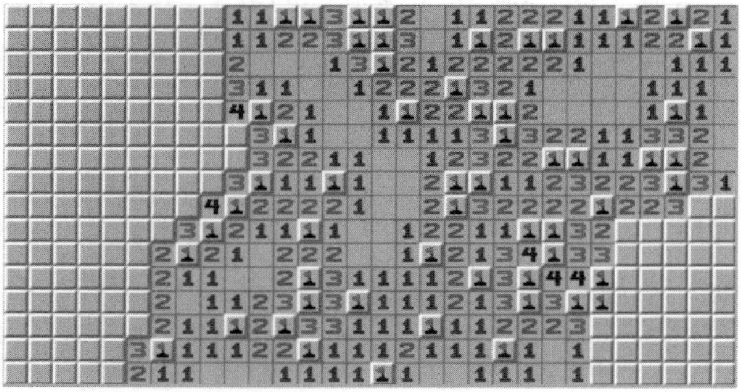

图 2.2.3

单个的数字来推测雷了。该靠运气了吗？周侠看着计时器飞快地闪动着数字。要不要赌一把随便点？慢！有法可循！周侠飞快地推理着，几处破绽一齐露出。且看周侠是如何破解！（如图 2.2.4）

图 2.2.4

图 2.2.4 左上角的一处：为了方便说明，将空的几个格子标记为 $A \sim E$。由图中显示的数字可以知道，A、B 中必然有且仅有一个雷，那么 C 显然可以确定为无雷了。这样一来，数字 2 周围只有 B、D 两处未知，一定是雷。则根据现有的数字，A 也可以确定为无雷，而 E 有雷（如图 2.2.5、图 2.2.6）。

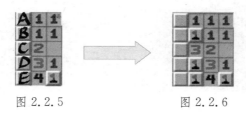

图 2.2.5　　　　　　图 2.2.6

图 2.2.4 左下角的一处：为了方便说明，将空的几个格子标记为 $A \sim F$。由图中显示的数字可以知道，A、B 中必然有且仅有一个有雷，则可以确定 C 必定有雷。那么 B、D、E、F 都是无雷，而 A 有雷（如图 2.2.7、图 2.2.8）。

图 2.2.4 右下角一处同理，周侠取得成功突破（如图 2.2.9、图 2.2.10）。而整局中有一些地方虽然并不能确定数字周围所有的雷，但是能确定一些零散的格子

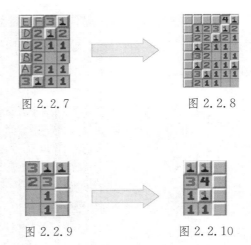

图 2.2.7　　　　　　　　图 2.2.8

图 2.2.9　　　　　　　　图 2.2.10

是否有雷。周侠也一一标注。周侠是将两种方法结合运用,但是毕竟是第一次上手,比较生疏,由于点错而触雷了(如图 2.2.11)。

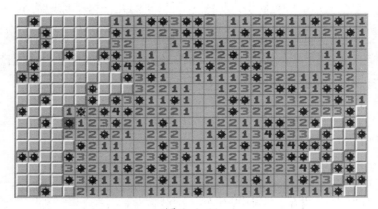

图 2.2.11

"唉,多好的一局,就没了,下次不能贪快,要看清楚了再点!"周侠叹了口气,不过他已经基本掌握了主要的方法,颇有信心了。

新开一局,却不是很好的锯齿形了,而是直边(如图 2.2.12)。这个时候就需要直接动用第二种方法,多个数字一起推理。然而在较长的直边中,该选取什么地方作为突破口来思考呢?周侠盯着屏幕入了神。其中反复出现的一个部分引起了他的注意(如图 2.2.13、图 2.2.14)。

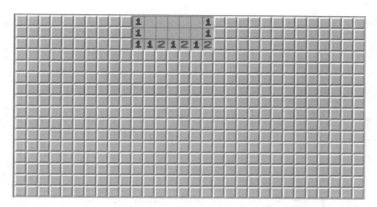

图 2.2.12

图 2.2.13　　　　　　　图 2.2.14

　　这种雷型十分典型,局部来看,很容易得到唯一的结果。而这次的开局直边恰好是多个这样的结构连在一起,周侠同学很快就打开了局面(如图 2.2.15)。

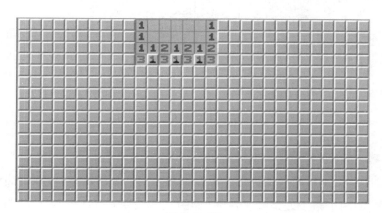

图 2.2.15

　　在扫雷的局中也很容易出现直边的情况(如图 2.2.15、图 2.2.16)。这种情况下沿着直边的数字只能是 1、2、3,也需要先找突破口。如图 2.2.17 中圈出的地方是个突破口。A、B、C 中应只有 2 处有雷，且不可能 A、B 处都是雷，故 C 处必有雷。于是可以破解。

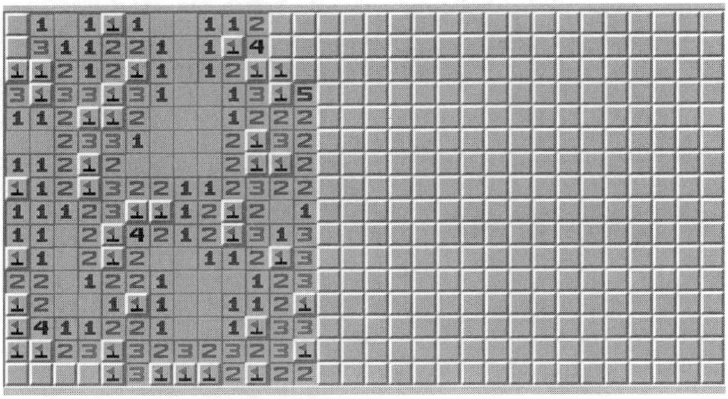

图 2.2.16

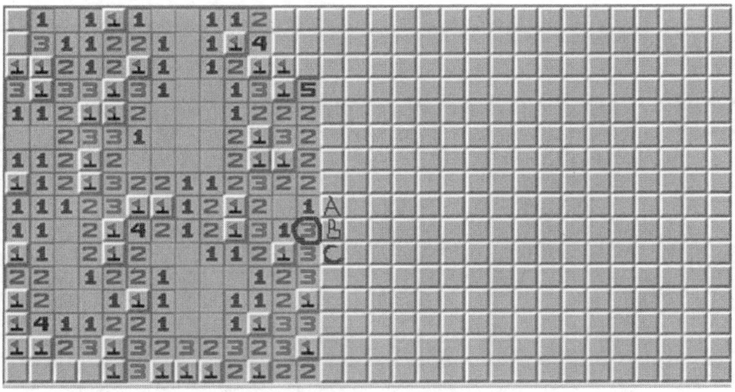

图 2.2.17

然而到了局末的时候，又出现了新的状况（如图 2.2.18）。最终剩下的这三处被圈出的部分，是不可破解的部分。而根据左上角剩余的雷数，可以得出编号为 3 处标有"无"的两个格子处是没有雷的（如图 2.2.19）。这种看剩余"雷"数的方法可以运用在局末，有的时候可以得到确切的解答（如图 2.2.20）。但是在这一局中，接下来就只能交给运气了。

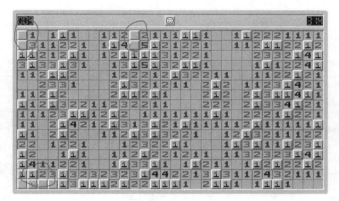

图 2.2.18

图 2.2.19

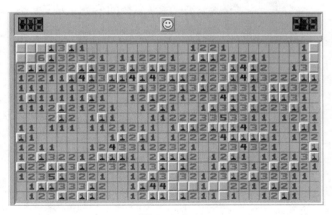

图 2.2.20

周侠又遇到了几次这样的境况。有的时候还有比较多的格子没有破解，只能靠运气看看能不能开出没有雷的格子。周侠手气不行，又失败了（如图 2.2.21）。

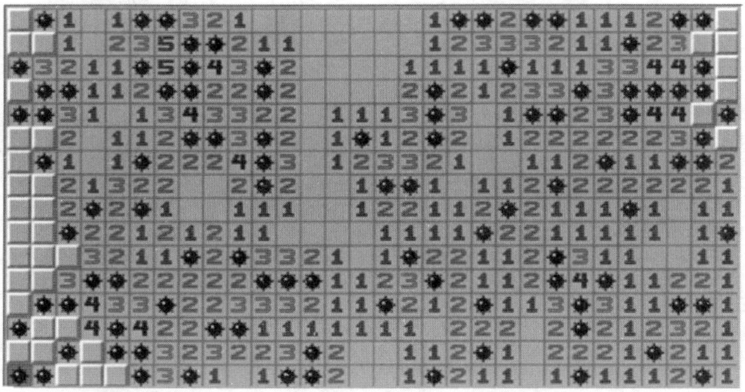

图 2.2.21

在积累了丰富的经验以后，周侠同学取得了好几次胜利，但是所花费的时间比较长。他突发奇想：可不可以不标出雷，而仅仅点击无雷的格子，这样减少点击数量，或许可以节省时间。于是他进行了尝试。但是节省的时间并不很多（如图 2.2.22）。

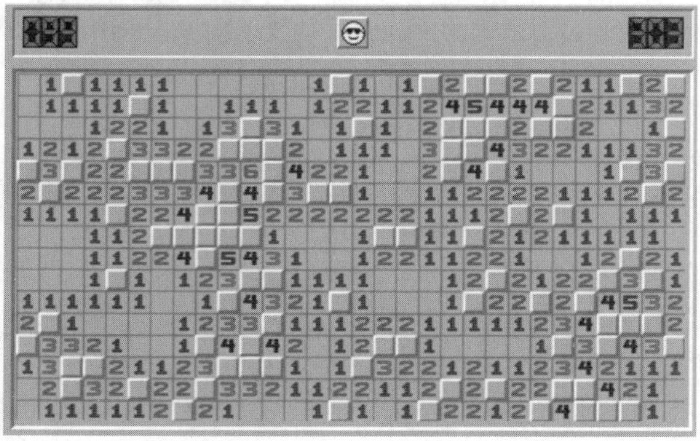

图 2.2.22

他认为耗时长的根本问题还是出在对这项游戏不够熟悉，虽然确实离不开一定的运气成分。多玩，多熟悉和积累雷型，看到形状就能想到雷的情况，而不需要再去进行计数和逻辑思维。这，就到了熟能生巧的阶段了。

　　面对这些雷型，周侠都是按照逻辑推理推出来的，似乎各不相同，不好记忆。可不可以把它们统一起来呢？它们有没有什么内在的逻辑？面对一排排数字，周侠慢慢思索。

　　如图 2.2.23，A、B 为两个数字。在它们周围区域内，设左边的阴影部分总雷数为 X，右边的阴影部分总雷数为 Y，则可以得到 $A-B=X-Y$ 的等式。这一等式非常的基本，可以用它推理出许多扫雷的常用雷型。如果从代数的角度出发，还能发现雷型的哪些性质呢？

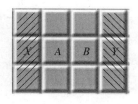

图 2.2.23

　　周侠同学边玩边想，有点倦了，但收获颇多，很想找人交流分享。他不知道同学们是否有深究过这个游戏的，也不好贸然叨扰。于是他想在网上找一找有没有"雷友"的圈子。

　　他这才发现，有个专门的正式网站叫"中国扫雷网"。他在论坛里学习，弄懂了许多的专业术语和新颖理论。

　　扫雷游戏让他感受到，数学是和游戏，乃至于和生活紧密相连的，它以独特的方式将看似千变万化的内容统一到一起，而从统一出发，又能得到无数的具体结论。游戏里一味求速度而体验不到的思考的乐趣，他在这里体验到了。不用联网，不必有高配置，也不用连续花好几个小时，就可以充分锻炼反应速度和思维能力，悟出了许多哲理。

　　周侠回转过来，发消息感谢那个推荐自己玩玩 Windows 自带游戏的同学。如果没有他，自己就错过了扫雷。那个同学刷了一串震惊的表情包，表示："我就只是开个玩笑，哪里想到你真的会去玩？有这么好玩？等你过了十八，就不用再被限制打游戏的时间了，到时候咱一起打本！"周侠心想，要是这世界上多一点把每句话都当真的人，或许真的会不一样。所谓的玩笑之中，可能真的藏着深厚的道理。

没有人是孤独岛,山岬不可失一角

张 咢

没有人是一座孤岛/可以自全

每个人都是大陆的一片/整体的一部分

如果海水冲掉一块/欧洲就减小

如同一个山岬失掉一角/如同你的朋友或者你自己的领地失掉一块

任何人的死亡都是我的损失/因为我是人类的一员

因此/不要问丧钟为谁而鸣/它就为你而鸣

——【英】约翰·多恩

社团的同学们虽然热爱数学,但也很喜欢文学。最近宋师在读英国诗人约翰·多恩的诗集,名叫《没有人是一座孤岛》。这给正在苦想游戏的社长很大的启发——有一个游戏,正有这样的寓意。

社长:今天我们来讨论讨论数桥,嗯,也是我最爱的游戏。

施宇:这是社长第 $10\,086$ 个最爱的游戏。

社长:数桥,又称岛,由日本人发明。目标是在岛与岛之间画线搭桥,将所有的岛连接成为一个可互相通行的区域。规则很简单(如图 2.2.24):

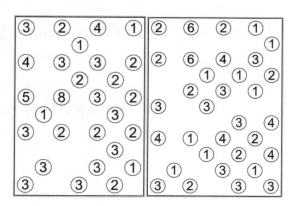

图 2.2.24

1. 盘面上的圆圈是岛，用直线段将岛与岛连接起来，直线表示桥；

2. 岛与岛之间最多允许搭两座桥；

3. 圈中的数字表示该岛上桥的数量，桥只能水平或垂直连接，不能斜向连接和交叉，也不能跨越其他的岛；

4. 所有的岛必须连成一片。

先来两道题试试？

社长：秦阳，你讲讲方法吧。

秦阳：首先，岛与岛之间最多可以连两座桥：

如图 2.2.25，很容易发现中间的 8，边上的 6，角上的 4 都可以直接连出来：8 向 4 边分别引 2 座桥；6 向 3 边分别引 2 座桥；4 向两边分别引 2 座桥。

同理，如图 2.2.26，角上的 3 一定与两边都有连线（其中一边有两条，另一边一条），边上的 5 一定与三边都有连线（其中两边各有两条，另一边一条），中间的 7 一定与四边都有连线（其中三边各有两条，另一边一条）。

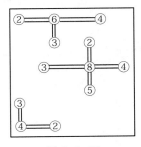

图 2.2.25

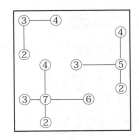

图 2.2.26

施宇：希望能讲点难的。

秦阳：别打断我思路。第二、圈不能斜向连接和交叉：当只有唯一道路时，可以直接相连。如图 2.2.27 中最左的 1，右侧被封只有一个岛可连；底下的 4 上侧被封只能与两边相连；最右的 2 左侧被封，只能与下方 4 相连。

社长：不过这些都是基础的连线方式，玩多了以后还有更多种情况的破解。

1）只有两边有岛且其中一边为 1 的 2：与另一岛一定有连线；

2）只有三边有岛且其中一边为 1 的 4：与另两岛一定有连线；

3) 四边有岛且其中一边为 1 的 6：与另三岛一定有连线。

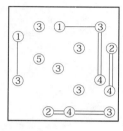

图 2.2.27

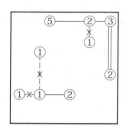

图 2.2.28

秦阳：知道这些就好了啊。

社长：我再讲点小技巧吧。施宇你应该用得上。

1) 当一个岛的连线数已经满足时，可以将这个岛勾掉，避免多连线；

2) 当发现两岛之间一定有桥但不确定数量时，可以用波浪线或其他线条连接，这样就可以充分利用第 3 条规则；

3) 当实在无从下手时，可以从一个切入点尝试连线，出错就返回重试，一定要记录好哪些线条是尝试过程中连接的，方便修改；

4) 这类纸笔游戏推荐使用铅笔做题，方便修改，也可以用水笔画已经确定的线条，方便区分。

施宇：这些才有点用。我看看……这不就出来了？

宋师：为什么数字 2 的岛上，你连了三根线……

施宇：啊？？？！

社长：数桥游戏很锻炼人的推理能力和思维能力，和数独差不多，但更有趣味性。在玩数桥游戏的同时，也可以试着自己出题，从出题的角度出发，说不定可以领悟更多的诀窍。

龙行虎步趣通关，空当接龙巧思量

谷子墨

《空当接龙》是 Oberon Games 开发的一款棋牌类单机游戏，1995 年于 Windows 系统自带发行。这款纸牌游戏，寓教于乐，可以有效利用碎片时间培养数感。

虎年伊始，体脑联动，龙行虎步，空当接龙。

壬寅虎年，正月初五，妈妈们提议以特别的方式——龙腾虎跃迎新年，我们六家人相约在环贸见面。许久未见的我及另外六名小伙伴一碰面就特别兴奋的交流各自学校的学习及有趣经历。到底是怎样"特别的方式"迎接虎年呢？小伙伴们充满了好奇。

黄妈妈作为发起人公布了答案——新年"走虎"，生龙活虎。杨妈妈拿出准备好的图纸方案分发给大家。我们七名小伙伴在爸爸妈妈们的陪伴下，东起鲁班路，西至枫林路，北抵长乐路，南达中山南一路，跨越静安、黄浦、徐汇三辖区，历时近 5 小时（中间穿插用餐休息）徒步 19.58 公里，用自己的双脚在地图上绘制出一个个生动活泼的"虎"字。到达终点后，既疲惫又满是成就感的我们一起小歇片刻。古灵精怪的静静妹妹问："妈妈！妈妈！你们说'龙腾虎跃'，'虎'有了，'龙'在哪里呢？"

"'龙'在这里呀！"我爸爸从背包里翻出了电脑，"刚刚我们是'走虎'的体力游戏，接下来，我们一起玩一个叫'空当接龙'的脑力游戏。""哇！太棒了！"听到玩游戏，小伙伴们一个个摩拳擦掌。尤其我之前玩过"空当接龙"，赶紧接过爸爸的电脑，自告奋勇地为小伙伴们进行游戏演示。

"'空当接龙'是 Windows 自带的电脑游戏，可以增强我们的数字敏感度。我们先打开电脑，点击'开始'按钮，移动滚轮或者搜索选择 Microsoft Solitaire Collection。"我边打开电脑边向小伙伴们解说。

"看！我们现在打开了游戏主界面。点击'空当接龙'。"

伴随着"噗噗噗"发牌声音,游戏开始了。看着游戏界面杂乱的牌面,我的内心有一丝丝紧张,毕竟有 6 位小伙伴在一旁观摩呢,可千万要完美演示啊。我的脑子里飞快地对游戏界面进行分区管理。"你们看! 这个游戏可以划分为'发牌区域''排序区域'及'回收区域'。游戏的目标是在回收区域完成 4 个花色共 52 张扑克牌有序回收(如图 2.2.29)。"

图 2.2.29

"什么叫有序回收呢?"小霖问。

"有序回收是指在回收区域中以四张不同花色的 A 为起始牌,分别按花色从小(A)到大(K)进行排序回收。"我边在游戏区域中标记边回答小霖。

"大家看,排序区域不得多于 7 列扑克牌,每列牌面必须由大(K)至小(A)进行排序,每列相邻两张牌面不得同色(黑/红),而且新开列必须以扑克牌 K 作为起始牌哦!"我边演示边向大家讲解。

"哎呀! 这也太复杂了吧!"年龄最小的静静妹妹有点儿泄气了。

"我们多尝试几次就会知道规则了,静静。"阿笙摸了摸妹妹的头发安抚道。

"是的,静静。一会儿我们多练习几遍,很快就会学会的。"佳佳说。

我点点头,继续讲解道:"当游戏界面所有可见牌面都不可移动排序时,发牌区域显示金色光圈提示点击发牌(如图 2.2.30)。当游戏途中长时间没有操作时,系统会以金色光圈提示可移动扑克牌（如图 2.2.31）。"

图 2.2.30

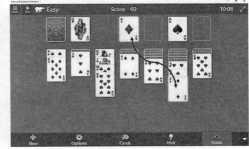
图 2.2.31

"当发牌区域的牌无法排放到排序区域时，继续点击发牌区域出现下一张扑克牌。"随着游戏的进行，我思考的速度越来越快（如图 2.2.32）。

图 2.2.32

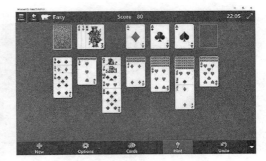
图 2.2.33

"终于出现最大牌 K 啦！"小涵兴奋的叫起来（如图 2.2.33）。阿振拍了下桌子说："哎呀！好可惜！排序区域没有可以排放的位置。"大家都投入到了思考中。

"太好了！太好了！又来一个 K！"阿笙兴奋地说（如图 2.2.34）。

随着游戏的步步进行，K 牌会逐步显现。"哈哈！终于给 K 移出了一席之地。"（如图 2.2.35）

在大家齐心协力下，我们终于完成了第一轮"空当接龙"。

接下来的一个多小时里，大家轮换上场完成了每人的虎年"空当接龙"挑战体验。

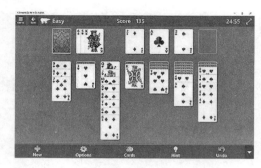 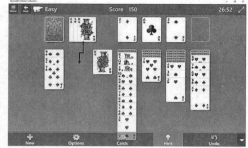

图 2.2.34   图 2.2.35

新年"走虎"+"空当接龙",龙行虎步趣通关,空当接龙巧思量,体力脑力齐锻炼,龙腾虎跃迎新年。

大家也一起加入体验吧!

"空当接龙"游戏规则(如图 2.2.36、图 2.2.37):

图 2.2.36

1. 排序区域不得多于 7 列扑克牌,每列牌面必须由大(K)至小(A)进行排序;
2. 排序区域每列相邻两张牌面不得同色(黑/红);
3. 排序区域新开列必须以扑克牌 K 作为起始牌;
4. 回收区域中,四叠扑克牌位置以四张不同花色 A 为起始牌;
5. 回收区域扑克牌分别按花色从小(A)到大(K)进行回收。

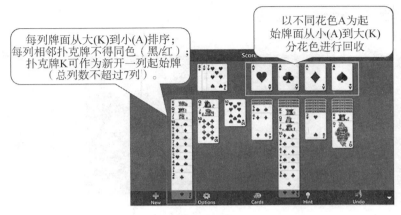

图 2.2.37

游戏目标：

在回收区域完成 4 个花色共计 52 张牌的有序回收（如图 2.2.38、图 2.2.39）。

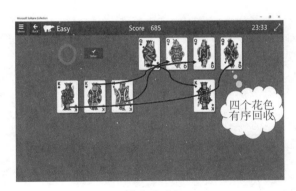

图 2.2.38

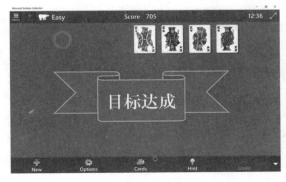

图 2.2.39

温馨提示:游戏结果可能是这样的(如图 2.2.40),继续加油哦!

图 2.2.40

忽如一夜春雷响，千方百计扫雷忙

王昕懿

1992 年的一款单机游戏，一次又一次的独自穿越雷区，为何能风靡 30 年之久？……

马上就要数学学科节了，同学们对各种数学游戏都充满兴趣，扫雷这款陪伴我们长大的老单机游戏，又一次被我们提起。

刘骏："哎呀！又炸了，你们谁会玩扫雷啊？怎么这么难啊？"

王昕："扫雷？很好玩哒！来，我来教你。"

数学学科节开幕前一天的中午，林祖正在看电脑。

刘骏正好走进教室，"林祖！你又在玩电脑！来来你让开一下，我最近听王昕说扫雷好玩，我要来试一试，不知道这个电脑上有没有。"

林祖躲开刘骏试图抢电脑的行为，笑着说："唉，不给你玩，我也要来玩玩。扫雷是一款家喻户晓的单机小游戏，在几乎每一台 Windows 系统的电脑上都自带了扫雷这个游戏，这个电脑上肯定有的。"

正在埋头写作业的王昕猛地抬起头，"扫雷？你们要玩扫雷？你们会不会啊？我会，要我教你们吗？"林祖："我小时候玩过一点点，现在不记得了，你说说看。"

王昕离开座位，站在林祖边上，指着电脑屏幕上扫雷游戏的页面说："扫雷分为三个难度，各难度的区别主要在于方块矩阵的大小及所含有的地雷数量。初级为 9×9 格和 10 个地雷，中级为 16×16 格和 40 个地雷，高级则是 16×30 格和 99 个地雷。玩法是由玩家操控鼠标，点击翻开矩阵方块标出所有地雷，但如果点到了地雷则游戏结束（如图 2.2.41）。

游戏开始时点击任意方格（正版游戏第一下不可能点到雷），会出现数字 1～8，表示以该数字所在方格为中心的八个方格中存在 1～8 对应的雷数。游戏过程中可点击右键，在你认为有雷的方格上做标记。玩家以此为线索，不断推算，可以排除出所有的雷（如图 2.2.42）。"

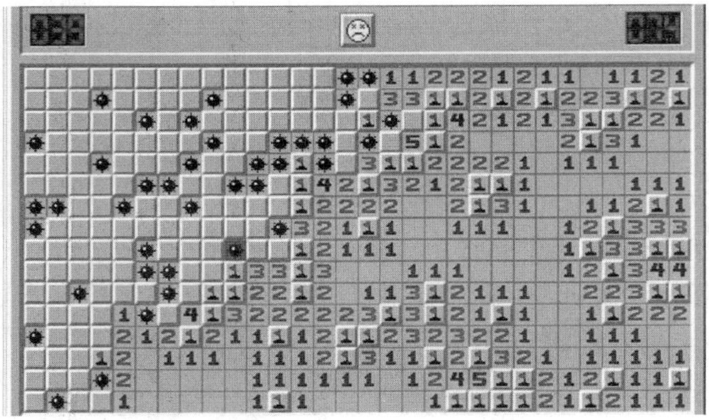

图 2.2.41

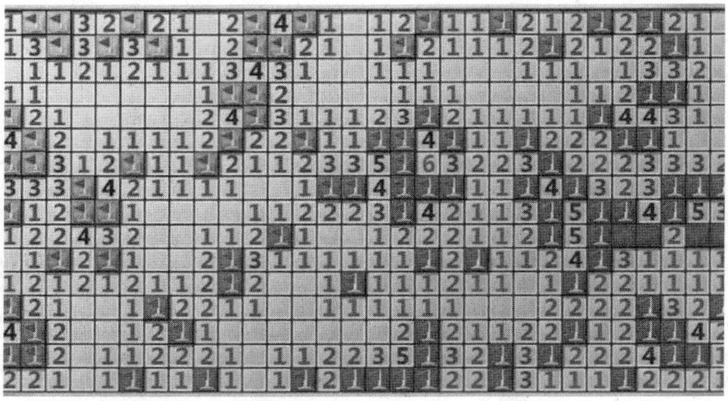

图 2.2.42

刘骏:"哇!你挺了解的啊!估计玩了很多年了吧?"

王昕摸摸下巴,思考了一下说:"嗯,确实蛮久了。第一次接触扫雷是在二年级,当时是我爸教我怎么玩,他说扫雷其实很简单。"王昕顺手指着林祖玩了一半的扫雷画面说,"你看,这个方格上是1,说明以它为中心的周围八个方格中只有1个雷,然后你看,这个数字1左边方格上已经确认标记雷了,那除左边方格之外的其他七格便是安全的,没有雷⋯⋯"

林祖听着便点了下去:"哇!真的没有雷唉!"

王昕接着说:"我之前听有人说扫雷是一款孤独的游戏。真的,这一说法倒是生动地体现在了我的初二生活的每一个晚上。初二的时候我没有手机也不能上网,也许是因为数学水平较小时候已经提升不少,我渐渐迷上了扫雷。一个人闷头玩,不需要过多的交流,只需简单数字的推算,没有人与你一起联机闯关,只有自己一个人沉浸在数学推理里,不断地挑战自己。然后我就日积月累,少说也玩了几千局了。"

林祖玩了几局扫雷,总是一不小心就点到了雷:"啊啊啊,为什么又是雷? 我明明都那么仔细了! 王昕,你来一局,我要观摩一下。"

王昕一副"高人"的模样接手了电脑,说:"若要我用一句话总结一下扫雷,那就是无他,唯手熟尔。你看这里(如图 2.2.43),当点开第一下后出现这种情况,那么我能在 0.01 秒之内推断出左边 ACB 内无雷,可以点;右边 abcde 内无雷,安全。左边以圆圈为中心且中心数字为 1 的九宫格内只剩一个方格,故这个方格内必有雷。因此可知以五角星为中心,且中心数字为 1 的九宫格内只有一个雷,所以 AB 内不可能再有雷,为安全方格,可以点。同理,右边以三角形为中心,且中心数字为 2 的九宫格内只剩两个方格,故这两个方格内全有雷。而以 1 为中心,且中心数字为 1 的九宫格内,已知有一雷,所以方格 abcd 一定没有雷。这些都是扫雷里最基本的推理,在扫雷次数的堆积下,几乎可以不用思考,作为肌肉记忆,而扫雷的速度也会因此加快。"

		C	1	1	√	1	e
B	A	√	1	△	2	2②	a
2	☆	1	①	1	√	1	b
1		1	1	1		d	c
2	2	√	1				
		2	1			√	

图 2.2.43

王昕说着,"刷刷刷"又在电脑上点了几格,说:"在 16×30 格的高级局,不仅地雷数量多,而且推算时的计算量大。慢慢地,直到我有几千局的积累后,有些推算量大的套路才能看一眼得出答案,通关速度也大大提升。你看这里(如图 2.2.44)。若以五角星 3 为中心排雷,线索太少,推理是十分困难的,$BCDE$ 都有可能是雷。所以我们应以方块 2 为中心开始推理。已知以方块 2 为中心的九宫格内有一雷,故 A 或 F 中必有一雷(可以用问号将这两格标记一下)。再以三角形 2 为中心排雷,已知 A 或 F 中只有一雷,所以 E 格一定是雷。此时再以五角星 3 为中心,已知的两个雷加上 E 格的雷正好三雷,所以 BCD 格内没有雷,可以点。最后以圆圈 3 为中心,已知的一雷加上 E 格的雷共有两雷,因 B 格一定不是雷,则剩下的 F 格必为三雷之一。继续推理可知 A 格内没有雷,安全。我的解释看上去文字很多,但在一局局扫雷经验的积累下,这些推理都能在一秒钟内完成。所以说,我认为扫雷的关键在于手熟。”

			1	2	√	√	D	C
1	1		1	√	4	√	☆3	B
	1	1	1	1	2	1	③	E
1	1	1	1	1	1		△2	F
	1	2		1	1	2		A
	1	√	2	1	1	√		

图 2.2.44

不过短短不到五分钟,王昕就要玩通关了,突然她停下来说:“你看这个,在高级局中常常出现不是唯一的推算结果,那运气也是十分重要的(如图 2.2.45)。现在这种情况只能靠运气,因为数字线索的推算已经无法明确最后的结果了。林祖,最后这一下你来吧,我也没办法啦。”“行!”林祖再次接手电脑,思考了一秒,然后毫不犹豫地点了一下,只听轰的一声,“为什么!只差最后一步了!!!为什么这还炸……”刘骏观战了好一会,终于插嘴了:“来来来,我来试试,我已经学会了……”

扫雷的玩法使扫雷就像一道数学推理题,这个游戏的乐趣也就在于推算、思

图 2.2.45

考和不断挑战自己的过程。这是扫雷的魅力，同时也是数学推理的魅力！夜深人静的时候，扫雷发出的"叮……叮……轰……"的声音是多么悦耳。

一玩一转一回顾，欲识魔方真面目

何诗喆

　　你有没有背诵过魔方公式？如果没有，可以在这里一起尝试复原魔方。如果有背过，那让我们来看看这些背后反映的魔方特质吧！

　　国庆假期即将到来，数游四人组宋师、施宇、张奇、秦阳就要分隔各家。大家试图运用自己身边已有的器具，线上玩转假期。大家每个人都有的也就只有一些大众的玩具，比如魔方。

　　宋师：魔方？这我熟，家里有好几种呢。大家有需要的话，可以给大家看一些奇奇怪怪的魔方。

　　施宇：嘶，当年买了个放在家里，知道有公式所以就没兴趣好好背了，不会只有我一个人不会吧。

　　张奇：没事，相互学习，玩玩看吧。有想法就写下来。实在搞不出来什么东西就当真的放个玩乐的假期啦！

　　秦阳没有说话，默默看着自己的高数。

　　一回家，宋师用电脑打一串公式啪地发给了施宇。

　　施宇：这么长啊……

　　宋师：不长啊，都差不多的，你试一遍就知道了。

　　施宇：……好。

对称性

　　认真试了试，发现魔方左右对称的位置上，所用的公式也是"对称的"。像第二层的棱色块交换公式就是很好的例子。

　　不难看出，魔方是左右镜面对称的。普通的镜面对称，是左对右，而让我们看看宋师写下的公式：

对右边:R′ U′ R′ U′ R′ URUR

对左边:LULUL U′ L′U′ L′

发现,此处操作的"对称"有些特别,R′对应的是 L,而 L′对应的是 R。

施宇:它这是对称还是不对称啊?

空间反射变化

本质上 L 和 R 只是观察视角的不同,我们可以关注一下旋转方向的变化。

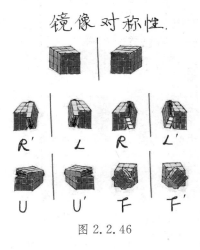

图 2.2.46

我们通过旋转的方式来玩魔方,角速度可以表示旋转的情况,一定程度上消除顺逆时针的描述受到视角的影响。而我们不难发现,其实经过镜面对称以后,左右的角速度方向相同,而魔方顶层的角速度却变得相反了。这种镜面对称后的效果有别于我们常常所看到的。

将有类似这样性质的矢量称为轴矢量,角速度就是一个轴矢量。它不同于平时常见的经过镜面反射后的规律。水平方向分量方向相反、竖直方向分量不变的才是通常所见的极矢量。

有意思的玩法

用 R′U′RU 的公式,反复进行 4 次,就可以回到最初的状态。

这个公式非常简单,也很方便单手执行,如果不想把魔方弄乱,又想玩一玩,除了只转动同一层外,还可以这么玩,又帅又简单!

转动对称

魔方任一层或者整个,旋转 360° 后又能回到原来的位置。所以对于许多魔方的公式,同一个公式反复用多次,又可以回到原来的状态。利用这个简单的原理,我们可以经过一定的操作以后使得魔方仍是原来的样子。除了 R′U′RU 外还可以用什么公式达到同样的效果呢?试试看吧!

秦阳:我再来一个好玩的,不过是结果不同的。

空间反射变化(补充)

其实通过魔方,我们还能意识到另一件事情。

拿起手头的魔方,任意一面正对着自己,先整体向前转 90°,再整体向右转 90°,可以得到一个状态。而如果是先整体向右转 90°,再整体向前转 90°,得到的状态是不同的。两个方式顺序不同,得到的结果完全不同,如果将这个运动过程表示为一种运算,那么将不能用加法表示。因为加法必须满足交换律!

张奇:大家好强!我来分享点简单的理解,比如说,宋师给的公式为什么第一下就要强调"把红的一面面向自己"?

置换对称

之所以我们可以把所有棱色块和角色块的公式分别统一起来,就是因为魔方的这些色块自己具有置换对称性。即,棱色块、角色块这两类色块中,同类的色块无论怎么互换,都不影响公式给这个位置带来的影响。这样的互换对于旋转得到的结果（比如是否能"还原"）有影响,但是并不影响"公式",公式只和这些色块的位置有关系,在公式面前,各种颜色实际上是等价的;对于要"还原",颜色就不等价了,这就是为什么玩魔方的时候很重要的一点就是要选定一个参考的方向,这样就不至于把颜色弄乱了。

时间反演

上述讨论的情况都是在空间中观察魔方的对称性,这些都和时间无关。但其实时间上,魔方也和对称性有关。

比如看一个玩魔方的视频,我们总是习惯于看它从一个被打乱的状态,恢复到六面颜色相同的情况。可是有没有想过倒着放视频? 观察倒放的视频,它同样也是合理的。在时间反演的情况下,它可能是不同的,也可能是相同的。

比如:将魔方的一层顺时针旋转 360°,此时再将过程反演,我们将会看到是逆时针的旋转,角速度时间反演相反了。

但是,当我们任意写下几步操作并完成,再将操作逆序全反(方位、方向均反)完成之后,魔方一定回到初始位置。此刻再进行时间反演,可以发现时间反演不变,而我们难以判断视频是正放还是倒放。

时间反演十分有趣,可以被用来制作特效等,但其实反演并非一直看上去合理的。比如茶杯碎裂的场景反演会让人觉得惊异等。只要符合现实世界的物理规律和客观事实,就一般不会被发现是反演而来的。

假期很快过去了,在大家的努力下,魔方已经被玩新了! 大家开始商讨该给这篇共同合作的文章起什么名字。

宋师:如何玩魔方玩出帅气。

秦阳:对称性的理解和运用——以魔方为例?

施宇:如何速成记忆……魔方公式?

张奇:魔方——玩转超强对称立方体?

宋师、秦阳、施宇：好！

张奇：嘿嘿，没想到四人组第一次在假期搞小研究就这么成功。

宋师：玩了这么多年魔方，第一次知道还能研究出这样一篇文章来。

秦阳：用魔方加强对一些数学概念的理解和运用，也是个不错的视角。

施宇还没做完的假期作业选题：

空间中 A、B、C、D 四点任意两点间的距离都等于 a，E 为 BC 中点，在由 A、B、C、D 确定的四个等边三角形中，求与 AE 一面的三角形中线与 AE 所成角的大小。

施宇：幸好我还没做！是了解过对称性的人了，不至于要算六次了，哈哈！

穿行阡陌寻出路，着眼两端知前途

刘柔杉

你睁开眼，发现自己正处于一个布满数字的房间里，无法逃离；你无助地靠向一面墙，却被传送到了另一个房间；你就这样在这个神秘的地方穿梭着，终于，你误打误撞回到了起点，并发现了一张迷宫地图……

这是一个数字迷宫。

在这个迷宫中（如图 2.2.47），玩家要从左上角的方格开始，根据方格中数字水平或垂直移动对应步数，不可以拐弯，最后走到右下角终点位置。

3	6	4	3	2	4	3
2	1	2	3	2	5	2
2	3	3	4	2	3	2
2	4	4	3	4	2	2
4	5	1	3	5	5	4
4	3	2	2	4	5	6
2	5	2	5	6	1	▷

图 2.2.47

小铃：先从起点开始走走看吧！不过有那么多路线，盲目地行进肯定不是办法呀。

小源：是啊，从起点开始行进可能的路线太多了，从终点开始倒推的路线或许会少一些。

方法一：终点→起点

终点所在行列中，只有两个 A 方格可以抵达终点（如图 2.2.48）。从 A 方格"1"开始倒推，经过 B、C 方格，到达的 D 方格不能由任何方格走到，此路不通。所以只能从 A 方格"5"抵达终点。后续方格仍然按此方法倒推。

3	6	4	3	2	4	3
2	1	2	3	2	5_B	2
2	3	4	3	4	2	3
2	4_D	4	3	4	2_C	2
4	5	1	3	2	5	4
4	3	2	2	4	5	6
2	5_A	2	5	6	1_A	▷

图 2.2.48

这一思路和走迷宫很类似:在两个 A 方格中任选一条"路",遇到 D 方格"死胡同"后原路折返到上一路口,选择另一"支路",直到抵达起点这一"出口"。

小铃:这个迷宫从终点往回推的路线确实少了很多! 可是我还是觉得从起点行进思考起来更顺,更不容易出错。

小源:分享一下我倒推的小技巧吧:从一个方格开始走,边走边数步数,步数和到达的方格数字相同,这个方格就入选了。虽然按规则在这个数字迷宫里正着走和倒着走是不一样的,倒推的时候还是可以从终点开始一路顺着走的! 从起点开始的话,那么多路线,怎么走呢?

小铃:其实我们不需要按照一条一条的路线走,也可以所有路线同步推进呀!

方法二:起点→终点

从起点出发,用 A 标记一步能到达的方格,B 方格最快能两步到达,C 方格最快能三步到达(如图 2.2.49)。按此方法继续标记其他方格,直到达到终点,再一层一层向上回溯,就一目了然了。

3	6	4	3_A	2	4	3_B
2_B	1	2_C	3	2	5	2
2	3	4	3	4	2	3
2_A	4	4_B	3_B	4	2	2_C
4	5	1	3	2	5	4
4_B	3	2	2	4_C	5	6
2	5	2	5_C	6	1	▷

图 2.2.49

　　这个方法其实是先把每个方格按"到达此方格需要的最少步数"分类,再去寻找走出迷宫的路线。

　　小源:原来正向推演也有好方法呀!

　　小铃:这个数字迷宫只要有条理、足够细心地去做,一定可以完成的! 大家会用什么方法呢?

　　选择了合适的方法后,你解出路线,将其标在图纸上,便冲向一面墙;这次,你信心满满地在这个看不见前路的迷宫里穿行,终于被顺利传送到了终点。

胜负只在一念间，得失又换一片天

邓奕辰

胜负只在一念间，看似走投无路，妙手就在眼前。有道是"山重水复疑无路，柳暗花明又一村"。

小项：给你介绍一本书，书中主角凭借着空间异能叱咤风云，却被一个光系异能者死死限制。他说："空间系有什么用，还是快不过光。"

小马：我怀疑你在暗示什么……

小项：让我们将目光投到一个二维空间内，在这里有一个 64 格的黑白战场。

小马：我知道，这不是我们刚刚学习的国际象棋吗？

小项：那你说，同样价值三分，马和象到底谁更厉害？

小马：那还用说，当然是"马"比"象"更厉害。俗话说"马走日"，你看，马在棋盘上可以一步到达的位置共 8 个，而每一步都与马有超过一格的距离（如图 2.2.50）。

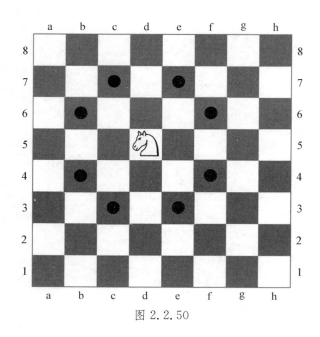

图 2.2.50

　　在较为复杂的中局中，马可以灵活地游走于各大战线，甚至可以出其不意地"偷袭"对家。用马同时抓对方的两个"大子"（价值比较高的子，姑且这么称呼），更是棋手的基本操作（如图 2.2.51）。

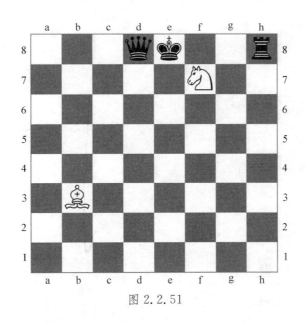

图 2.2.51

　　小项：但是，马在较为明朗的开局和残局阶段比不过象，象的远距离追杀能力更强。象只走斜线，不会变换格子的颜色，因此被人们用"黑格象"和"白格象"区分（如图 2.2.52）。

　　论起"偷袭"，象的功能丝毫不弱于马，它能如同一道光——直达敌军内部，于百万军中直取敌将首级（如图 2.2.53）。

　　小马：这些都是和大子比，马象内战方面呢？

　　小项：那肯定是象更厉害。象能跳的 8 个位置中，有 4 个是在象的直接攻击范围内，占了一半（如图 2.2.54）。象被马攻击的位置虽然也有 4 个，但可以一步逃离，而马要走好几步才能追得上呢。

　　小马：我们两个初学者，怎能比出孰优孰劣呢？

　　小项：我们可以使用专业软件，你看在这个战局中，双方无论怎么走，都会以平局收场（如图 2.2.55）。

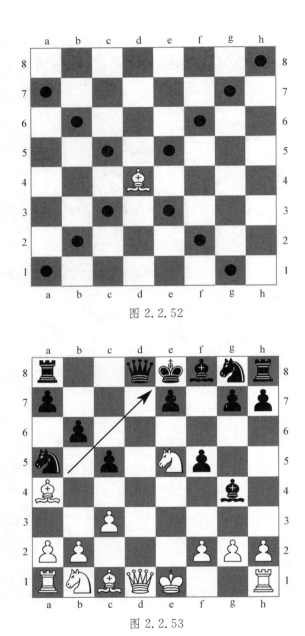

图 2.2.52

图 2.2.53

小马：这些情况都是最优解，作为一个初学者，要是遇到了大佬，情况会不会有所不同？

小项：我们可以采用逆向思维，反推一下不就行了。"将死"对方的王有 2 个

图 2.2.54

图 2.2.55

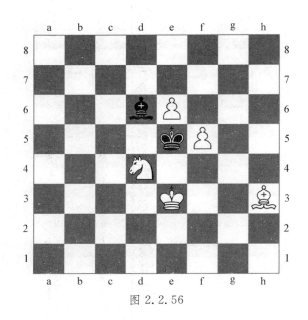

图 2.2.56

前提——王被攻击且王无路可走。若王在棋盘中央,黑王有 8 格可走,白马或白象都只能封住 2 格,白王最多封住 1 格,黑象挡住 1 格,黑王在不被将军时还有 2 格可走,是无论如何都不会被将死的(如图 2.2.56)。

小马:我发现一个很神奇的现象:如果王被逼在角落里(如图 2.2.57),白方能够"将死"黑方,而这机会还正是因为黑方"自摆乌龙"——黑方的一个棋子正好堵住了黑王的去路。

小项:所以,解决这个难题最简单的方法便是在双方仅剩一马或一象时将其送给对方,自己退一步,方可保住平局。

小马:让对方一子,反而立于不败之地,好神奇呀!古有三里巷,今有此谦让,美德从未改变,只是载体不同罢了。

小马:对了,后来那两个异能者分出胜负了吗?

小项:他们没有再起冲突,而是通力合作,共同抵御外敌。

小马:孰强孰弱并不重要,完美配合才是王道。

附:单子杀王在国际象棋中是很经典的残局。是否有必胜/必和的方法,读者可以一试。

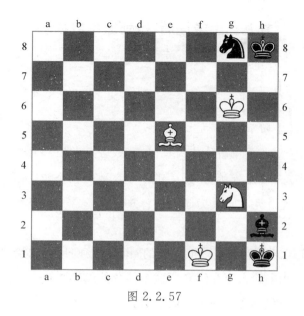

图 2.2.57

国际象棋棋理介绍：

国际象棋棋子和棋盘均是黑白 2 色,棋盘共 64 格,双方对手各执 16 个棋子(其中兵 8 个,象 2 个,马 2 个,车 2 个,后 1 个,王 1 个)。白方先行。

兵:1 分。每步只能走 1 格,第一步可以走 2 格。直走斜吃,只可前进,不可后退。兵可以溜到对方底线,选择"升变"。升变的时候根据子力的情况,选择升变为任何一个更有战斗力的子。

马:3 分。马走日。

象:3 分。只可斜走,可以一次跨越多格。双方各有 1 个白格象和 1 个黑格象。

车:5 分。一般走直线,纵向或者横向,一次可以跨越多格。残局阶段是车负责守底线,与其他棋子合作,可以"逼和"或者"将死"对方的王。

后:10 分,可以往各个方向直走,包括直走和斜走,在场上战斗力最强。

王:无价之宝。棋手要千方百计护住自己的王,"将死"对方的王。如果王被对方吃掉了,则满盘皆输。

九九盘上条理清，行列宫中数独明

陈子蘅

古有九九重阳节，今有九九数独日。

农历九月初九是中国传统的重阳节，取古籍《易经》中的"阳爻为九"之意，九九归一，一元肇始，万象更新。因数独是一个与"九"密不可分的游戏，公历的九月九日也成为了一个特殊的日子。

社长：大家知道嘛，今天是一年一度的"世界数独日"！又恰逢是我们社团活动的时间，那就由我来给大家介绍介绍这个传统的纸笔游戏——数独。

宋师：啊！这个我熟悉。我可喜欢解数独了。

秦阳：听说除了经典数独外，数独还有许多变种，如对角线数独，杀手数独之类的，不知道社长今天会介绍哪一种呢？

社长：哈哈，秦阳，很可惜，我们只讲最经典的数独哦，你回家有兴趣可以研究一下其他的。那么我先教大家一些基本的方法。最基本的就是排除法了。由于在每个行、列、宫中每个数字只能出现一次，那么我们可以依靠每个已知的数字来先进行初步的筛查并排除掉出现过的数字。同样的，如果某行某列或者某宫内已经填满 8 个数字了，那么剩下一个数字也就清晰可见了。

当然，有时候枚举法也是很好用的。不过大家不要着急，都先熟悉一下游戏，热热身（如图 2.2.58）。

看到大家对基本方法已经熟练掌握了，那就为了满足秦阳的好奇心，我再教给大家一个高级的技巧——数串法。

秦阳：这个并不能满足我的好奇心……

社长：我再给大家分享一个高级的技巧。

大家请看图 2.2.59，这是数串法最基本的形式——如果第 1 列中的 a 只可能在第 1 行或第 7 行，且第 8 行中的 a 只可能在第 2 列或第 6 列，那么第 1 行第 6 列一定不是 a。有同学可以来证明一下嘛？

3	4	8	6		2		1	
9	6		1	5	8	2	3	
5				4	9	6	8	
	3	4	8		7		9	2
2	8	9	5		6	4	7	1
7	1		4		9	3	8	
8	9	6	7		5			3
	5	2	6	9	3		4	7
	7		2	8		6	5	9

图 2.2.58

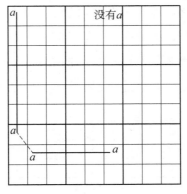

图 2.2.59

宋师：这个我会！只要用反证法就可以了。假设第 1 行第 6 列是 a，则第 1 列第 7 行是 a，第 8 行第 2 列也是 a，第 7 宫中出现了 2 个 a，这样就矛盾了！所以第 1 行第 6 列一定不是 a。

社长：非常不错，这种方法就叫做"数串法"，因为数字 a 像被串起来一样，非常形象。而且数字串在同一行、同一列或同一宫都是可以的。今天的题目（如图 2.2.60）就是用这个方法解题，大家先自己做一会儿吧。

施宇：这道题目看似给的数字挺多，没想到这么难解！

秦阳：我解出来了。

社长：你先别讲话！

	2	9	1	4		6	8	5
5	1	4	8	6	2			
6					5	2	1	4
1	6	7	5	2	8			
			7	1	9		2	6
2	9		6	3	4		7	1
	5	2	4	8	1	9	6	
		6	2			1	5	8
		1		5	6			2

图 2.2.60

宋师:我好像有点思路,施宇。你看,我把它的所有可能都列出来了(如图 2.2.61)。好像可以用数串法确定第 1 行第 6 列的数字。如果第 1 列中的 3 只可能在第 1 行或第 7 行,且第 8 行中的 3 只可能在第 2 列或第 6 列,符合了数串法的条件,其中 $a=3$,那么第 1 行第 6 列一定不是 3,只能是 7!

3/7	2	9	1	4	3/7	6	8	5
5	1	4	8	6	2	3/7	3/9	3/9/7
6	3/8	3/8	3/9	7/9	5	2	1	4
1	6	7	5	2	8	3/4	3/4/9	3/9
4/8	4/3/8	5/3/8	7	1	9	5/8	2	6
2	9	5/8	6	3	4	5/8	7	1
3/7	5	2	4	8	1	9	6	3/7
4/9	4/3	6	2	7/9	3/7	1	5	8
8/9	3/7/8	1	3/9	5	6	3/4/7	3/4	2

图 2.2.61

施宇:有道理! 那么接下来就很简单了! 我也能做!

社长:同学们做得差不多了,那我就公布数独的答案略(如图 2.2.62)。要不下次我们来进行一个小小的数独比赛吧(笑)。

施宇:收获很大。

社长:数独是一种只需要逻辑思维能力的游戏,与数字运算无关,所以非常的

3	2	9	1	4	7	6	8	5
5	1	4	8	6	2	3	9	7
6	7	8	3	9	5	2	1	4
1	6	7	5	2	8	4	3	9
4	8	3	7	1	9	5	2	6
2	9	5	6	3	4	8	7	1
7	5	2	4	8	1	9	6	3
9	4	6	2	7	3	1	5	8
8	3	1	9	5	6	7	4	2

图 2.2.62

大众化。虽然玩法简单，但提供的数字却千变万化，是锻炼脑筋的好方法。在对数独有所掌握之后，可以尝试一下变种数独，如杀手数独、对角线数独。它会在经典数独的条件下添加更多的限制，也使数独更加有乐趣与挑战。

梵天七层汉诺塔，腾挪回转有玄机

陶昊旻　王彦骏

汉诺塔是什么？孩童的玩具为什么吸引了无数的成年人？十层汉诺塔该怎么移动？其背后的思想是什么？……

在忙碌的学习生活中，我们迎来了国庆小长假，神州大地繁花似锦，祖国长空乐曲如潮，亚辉同学在一次逛商场的偶然下，迷上了汉诺塔，于是我们便相约在自习室研究起了它。

首先我们了解到汉诺塔是法国数学家爱德华·卢卡斯曾编写过一个印度的古老传说：在世界中心贝拿勒斯（在印度北部）的圣庙里，一块黄铜板上插着三根宝石针。印度教的主神梵天在创造世界的时候，在其中一根针上从下到上地穿好了由大到小的 64 片金片，这就是所谓的汉诺塔。不论白天黑夜，总有一个僧侣在按照下面的法则移动这些金片：一次只移动一片，不管在哪根针上，小片必须在大片上面。僧侣们预言，当所有的金片都从梵天穿好的那根针上移到另外一根针上时，世界就将在一声霹雳中消灭，而梵塔、庙宇和众生也都将同归于尽。

然后我们也开始捣鼓这个游戏。

亚辉：规则是有三根相邻的柱子，第一根柱子上从下到上按金字塔状叠放着 10 个不同大小的圆盘，目标是把所有盘子一个一个移动到第三根柱子上，并且每次移动一个圆盘，同一根柱子上不能出现大盘子在小盘子上方。

乙仰：懂了懂了，那我先来试试。

（大家人手一个，前三层都如鱼得水，层数越多，操作也越乱了）

乙仰：四层倒还好，但这五层往后也太烦了吧！

济江：确实啊，层数越多越混乱。

（亚辉发现翔宇把最小圆盘放在了最下面，但陷入了僵局）

亚辉：我感觉先移动最小圆盘就是切入点，根据规则，最小圆盘的上面是不能叠放其他圆盘的，所以要保持最小圆盘在最上面。

翔宇:那这样不就是前几步的循环了吗? 前几步都是先移动最小圆盘的。

(纷纷点头,大家有了一个明确思路开始尝试起来)

(15分钟后)

乙仰:为啥有时候步数多有时候步数少啊,是不是小圆盘移动到哪根柱子也有讲究啊!

济江:我试试小圆盘跳一根柱子移动,再相邻移动2步吧。(即132132……顺序)

亚辉:那我试试小圆盘沿着相邻的柱子移动吧。(即123212321……顺序)

翔宇:那我试试小圆盘相邻移动2步后再跳一根移动吧。(即123123……顺序)

乙仰:那就先研究三层的吧。

(10分钟后)

济江:12步。

亚辉:我也12步。

翔宇:7步!!

乙仰:有人步数多,有人步数少,这步数是不是有个公式啊!

亚辉:对啊,一层一步,两层三步,三层七步,不就是(2^n-1)步么。

乙仰:现在我知道最小圆盘的移动是关键,这有什么口诀吗? 多层的时候还有点混乱,翔宇你有什么秘诀吗?

翔宇:我也是一边实践一边思考,还上网查过攻略,现在我有了一套移动多层汉诺塔的法则,我把它称为奇偶法。

(大家异口同声地说,太厉害了,快点分享一下吧)

翔宇:为了方便描述,我们给出三个柱子:A、B、C,其中A柱上有N个圆盘,从小到大依次称为第1个圆盘,第2个圆盘,……将C柱称为目标柱,也是我们要将A柱圆盘按照规则移到C柱上。

当N是奇数时,第1个圆盘要移到目标柱上,即C柱上。

当N是偶数时,第1个圆盘要移到B柱上。

亚辉:稍等一下啊,我试一下,如果$N=1$,只有一个盘,所以一定是移到C柱上,如果 $N=2$,那么第 1 个圆盘要移到 B 柱上,第 2 个移到 C 柱上,最后再将第 1 个从 B 柱移到 C 柱,果真啊,那我就有信心处理多层的了。

翔宇:其实对于多层还有一个关键,就是要有大化小、多化少的转化思想,中间环节要不断转化"新的目标柱""新最小圆盘"。我们以三层汉诺塔为例,将三层汉诺塔从 A 柱位移到 C 柱,那么就要将一个二层汉诺塔移到 B 柱上,再将一个一层塔位移到 C 柱。具体来讲,其实第 1 个圆盘移到 C 柱后,A 柱上是一个二层汉诺塔,此时原本第 2 个圆盘成为最新最小圆盘,按照奇偶法,它将被移到 B 柱上。三层转化为二层,此时要将二层塔移到 B 柱上,所以将 C 柱上的第 1 个圆盘移到 B 柱上,完成任务。再回到 A 柱,此时为一层塔,只有第 3 个圆盘,按规则将它移到 C 柱上,到此为止,B 柱上的两个圆盘要移到 C 柱,才能最终完成任务,也就是将完成一个二层汉诺塔的移动问题了,接下来的过程我就不多赘述了。大家可以理解这里的转化吧!

济江:这样可以解决任何一个时刻的移动,要是有人突然茫然不知所措地来问接下来的移动方法,我一定可以解决的,翔宇的这个秘诀很好用!

乙仰:今天的收获真是大,看来古老的传说也不无道理,$2^{10}-1=1023$,十层汉诺塔需要 1023 步啊!但是我感受最深的是从简单情况开始研究,以及翔宇的思考总结、实践的好习惯也特别值得学习啊!

翔宇:我们开始比赛吧! 巩固一下我们的战果!

小伙伴们在自习室快乐开战,数学游戏的魅力也是如此吧!

千百游戏皆不喜，唯有扫雷得我心

陈智宸

　　"扫雷"是一款大众类的益智小游戏，于 1992 年发行。游戏目标是在最短的时间内根据点击格子出现的数字找出所有非雷格子，同时避免踩雷，踩到一个雷即全盘皆输。作为一个经典小游戏，扫雷曾经风靡全球，但随着时代的改变，也慢慢退出了大众的视野。然而，其玩法从未改变，简单的规则承载着复杂的变化。那么，到底是什么使得"扫雷"如此令人着迷呢？

　　期末考试刚结束，忙碌后突然的放松使得小陈感到非常无聊。同学们都在玩游戏，但小陈并不喜欢网络游戏，认为那会绑架玩家，反而得不到真正的快乐。正当小陈为此发愁的时候，他无意间想起了一个经典小游戏：扫雷。扫雷随开随玩，不正是小陈正在寻找的吗！小陈虽然听过扫雷，但不知道规则，也从来没有玩过。现在正是尝试的好时机。

　　从微软商店下载后，小陈迫不及待地开始游戏。映入眼帘的是一整片的方格。点击其中一个方格后，翻出了一片空白，边界分布着数字。一开始小陈只是乱点，不知道怎么玩，每次总是很快就"死"了（如图 2.2.63）。

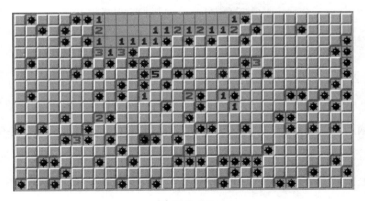

图 2.2.63

但很快,小陈通过研究"死"后公布的答案发现了数字的意义:周围方格内含有的雷的数量。这给了小陈很大信心,也促使他继续玩下去。之后,小陈不再只是随便乱点,而是按照数字推理出哪些方格有雷。

开始新的一局,点开中间的格子后,小陈决定从"1"下手。

"1 说明周围一圈只有 1 格雷,而除了左下角,都可以确定不是雷,因此可以确定左下角是雷。"(如图 2.2.64)

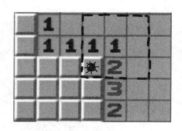

图 2.2.64

第一次成功推理,使小陈感到很有成就感。

"1 下面的 2 说明 A、B 中有两个雷,而 2 下面的 2 说明 A、B、C、D 中有两个雷,因此可以确定 A、B 都是雷且 C、D 都不是雷。"(如图 2.2.65、图 2.2.66)小陈发现这个逻辑屡试不爽,正打算试着通关一次,却又发现了新的问题。

图 2.2.65　　图 2.2.66

"图 2.2.67 中左框 1 说明 A、B、C 中有一个雷,2 说明 B、C、D 中有 2 个雷,右 1 说明 C、D、E 中有 1 个雷。"任何一个条件都无法确定雷的位置,这让小陈伤透了脑筋。这种卡在瓶颈的感觉让小陈仿佛回到前不久的数学考试中做选择压轴题时,最后也只尝试,通过排除法才正确……排除法!灵光一现的小陈差点从椅子上蹦起来,没想到平日枯燥的数学竟能在游戏中派上用场。

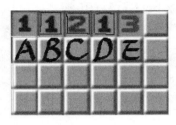

图 2.2.67

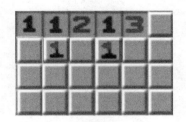

图 2.2.68

"假如 C 是雷,那么 A、B 就都不是雷,B、D 有其中一个是雷,D、E 都不是雷。矛盾,所以假设不成立。所以 C 不是雷,所以 B、D 都是雷,所以 A、E 也都不是雷。"(如图 2.2.67、图 2.2.68)

小陈感到自己已经精通扫雷了,便试着通关,通关后又开始追求速度,没过多久,小陈就突破 3 分钟大关了。虽然扫雷只是个单机游戏,时间长久后终究会感到无聊,但小陈不会忘记这个假期带给他快乐的这个充满数学逻辑的游戏。

冷知识:"扫雷"的成功引起了一些人的不满,他们就是国际反地雷组织。虽然不知道出于何种心态,但他们认为微软扫雷游戏侵犯了所有冒险排雷的勇士,认为这是娱乐化排雷,所以他们对微软提出了抗议,微软大受感动,决定放弃扫雷,然后推出了扫花。但是国际反地雷组织还是没有放过扫雷,他们呼吁人们不玩扫雷,发起了"国际禁止扫雷运动",微软又大受感动,表示接受了他们的意见,并且决定"既然你们不接受,那么就删除这个游戏吧",然后微软下架了扫花和扫雷,推出了扫瓢虫。所以现在微软商店只能下载扫瓢虫,不过其本质上依然是扫雷,只不过换了个图案。

第三节　生活实际:万物可数

人间百味难决议,各种投票平分歧

刘依惠　连芳婕

你是否还在为吃什么而纠结? 你是否还为此和小伙伴争论不休? ⋯⋯不只是在食物方面,在种种抉择面前,人们常常有选择困难,因此会通过投票平分歧。那为什么每个投票方法出来的结果不一样? 哪一种最公平? 怎么投票才可以最大程度上满足众人需求?

赫赫、小高、然然三人是好朋友,但是她们饮食偏好各异,一起出去玩时常常为吃什么争论,为了公平起见,她们便决定靠投票决定吃什么。

赫赫:我们采取"多数投票法"吧,我们每个人列出我们最想吃的一道菜,然后选择出现最多的选项。

于是,她们做出了选择,由于每个人最想吃的食物都不一样分别有沙拉、意面、汉堡,她们无法决定吃什么(如图 2.3.1)。

图 2.3.1

这时,小高又说道:或者,我们应该采取"积分投票法",我们需要对所有选项进行排名,第一选项得 3 分,第二选项得 2 分,第三选项得 1 分,总得分最高的即为我们去吃的食物。

于是,三人又做出了选择。

如图 2.3.2 所示,沙拉 7 分,意面 5 分,汉堡 6 分,则应该去吃沙拉。但在去吃沙拉的路上,正好碰到小杰和昊昊,于是五个人重新投票决定吃什么。

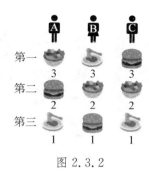

图 2.3.2

此时，如图 2.3.3 所示，沙拉 11 分，汉堡 11 分，意面 8 分。

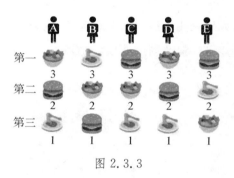

图 2.3.3

昊昊：还有一种"决胜投票法"，看看每个人的第一选择，找出出现最多的选项，即沙拉和汉堡，把意面排除后，再看看每个人的第一选择数量，若相同，则看第二选择，以此类推下去（如图 2.3.4）。

图 2.3.4

没想到居然又平局，于是小杰提议了"赞成票表决"，即每个人根据意愿投票选择任意多个选项，无须排名，最终选择出现次数最多的选项（如图 2.3.5）。

图 2.3.5

最终他们决定去吃汉堡。

在吃汉堡的时候,小高突发奇想:你们知不知道还有一种投票方式是"一对一(head to head)投票",大致是先让投票人做好选择,将每个候选选项两两拿出来一对一比较,在一对一比较时,剔除剩余选项,看看每个人的首选项,出现最多的选项获胜(如图 2.3.6)。

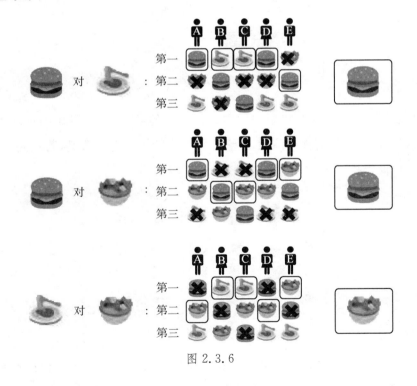

图 2.3.6

然然好奇:既然有这么多投票方式,那不同的投票方式自然会造成不同的结果,那哪一种投票方式是最合适的呢?

小杰:应该是积分投票法,积分投票法更具全局性,在选择最优的同时顾及到每个人的次优,尽可能的满足每个人的最优选择。

然然:我最喜欢赞成票表决,因为它不强制我们给每个选项赋分,而且可以最大程度地满足每个人的接受能力,不会出现某些人极端喜欢或极端不喜欢。

吴吴:有没有什么方法计算哪种投票最公平呢?

赫赫:或许可以计算相同投票结果在不同投票方法中的积分占比? 占比最大的代表该投票方法的结果最符合大部分投票人的心愿。

小杰:这只适用于有打分的投票法吧,对于不同的事件应该选择不同的投票方法,像我们这种日常选择吃什么应该尽可能选择简便好出结果的多数投票法,在平局的情况下再选择较麻烦的决胜投票法。在某些选择干部、委员的事件可选择积分投票法,并且积分方式可以更加灵活,每个投票人拥有的总分相同,根据内心意向将对应分数打给每位候选人,最后计算每位候选人的总分来决定最终结果。

小高:还有一种否决投票的方法,每个人可以按顺序投出自己的否决票,那么剩下的选项就最终获胜。使用这种方法需要有 n 个人和 $n+1$ 个选项,且每个人都知道自己和他人对于选项的偏好顺序,也即一种积分投票法的进化版。

若是采用积分投票法(如图 2.3.7),则鸡腿 6 分,汉堡 9 分,意面 9 分,沙拉 6 分,仍无法抉择出吃什么。

图 2.3.7

若在否决投票中,每一个人在挑选自己否定的对象时,也会考虑其他人的偏好,比如投票顺序为 A、H、E,A 在投给沙拉后,H 知道 E 会投给鸡腿,自己就可以投给沙拉,若是投票顺序改为 A、E、H,则又有不同的结果,因此投票顺序虽然是随机因素,但也很重要,这种方法可以让更多人喜欢的选项获胜,且投票只要一次就可结束,不会出现平局的结果。

昊昊:看来我们可以根据不同的事件灵活变换不同的投票方式呢!生活中许多复杂难以抉择的事件都可以通过数学游戏来简单化,既增加了生活的趣味性又锻炼了思维的灵活性,在与伙伴们的讨论中感受思维的碰撞,以游戏的方式计算与探索发掘生活中的数学逻辑,这正是数学游戏的魅力和意义所在吧!

投票大选背后谜，返璞归真回游戏

张 罟

　　美国大选究竟是什么机制？为什么大选里只有两名候选人？为什么摇摆州那么重要？其背后是什么原理？该如何理解？……

　　最近全世界都在关注美国总统大选，同学们也对这个话题很感兴趣，但是不太明白其中的机制和逻辑。今天的社团会讨论些什么呢？

　　社长：今天我们来讨论一个热门话题。

　　秦阳：啥啊，不会是美国总统大选吧。

　　宋师：真的？

　　社长：毕竟是全球的热门话题，这个热度我也得蹭蹭。没事儿，我来讲，你们听听就行。游戏又做错了什么呢？

　　在大选前，每个政党需要先进行党内初选。在初选过程中，政党内部的总统竞选人要在各州展开竞选，获得党内代表票数最多的候选人经党代表大会提名，将作为本党唯一的总统候选人，在大选中和竞争党派的总统候选人进行决战。那么，为什么要保证大选中只有两名候选人呢？为什么不能增加候选人的数量呢？

　　秦阳：啊，不然就会像石头剪刀布一样吗？

　　社长：差不多。玩石头剪刀布的时候，只有两人时，最容易得出胜负，而人数越多越容易达成平局，很可能构成"循环胜负情况"（即 A 赢 B，B 赢 C，C 赢 A），从而产生胜负悖论，这在数学上被称为孔多塞的"投票悖论"。

　　施宇：理解。

　　社长：假设甲乙丙三人，面对 A、B、C 三个备选方案，有如图 2.3.8 的偏好排序。

投票者	对不同方案的偏好排序		
甲	A	B	C
乙	B	C	A
丙	C	A	B

图 2.3.8

甲（A＞B＞C）；乙（B＞C＞A）；丙（C＞A＞B）

1. 若取"A""B"对决，那么按照偏好次序排列如下：

甲（A＞B）；乙（B＞A）；丙（A＞B）；社会次序偏好为（A＞B）。

2. 若取"B""C"对决，那么按照偏好次序排列如下：

甲（B＞C）；乙（B＞C）；丙（C＞B）；社会次序偏好为（B＞C）。

3. 若取"A""C"对决，那么按照偏好次序排列如下：

甲（A＞C）；乙（C＞A）；丙（C＞A）；社会次序偏好为（C＞A）。

于是得到三个社会偏好次序——（A＞B）、（B＞C）、（C＞A），其投票结果显示"社会偏好"有如下事实：社会偏好 A 胜于 B、偏好 B 胜于 C、偏好 C 胜于 A。显而易见，这种所谓的"社会偏好次序"包含有内在的矛盾，即社会偏好 A 胜于 C，而又认为 A 不如 C。

宋师：出大问题。

社长：从这个悖论中，又引出了一个重要的定理——"阿罗不可能定理"（简称"阿罗公理"）。这个定理是指不可能通过个人的偏好顺序推导出群体偏好顺序。1951 年肯尼斯·约瑟夫·阿罗（Kenneth J. Arrow，1921—2017）在他的《社会选择与个人价值》一书中，得出了一个惊人的结论：当至少有三名候选人和两位选民时，不存在满足阿罗公理的选举规则。或者也可以说是：随着候选人和选民的增加，"程序民主"必将越来越远离"实质民主"。

秦阳：所以如果众多的社会成员具有不同的偏好，而社会又有多种备选方案，那么在民主的制度下不可能得到令所有的人都满意的结果。

社长：精辟。接下来是智商题了哦！各部门准备……

将图 2.3.9 分成大小、形状都相同的三块，并使每块中都有一个小圆圈。

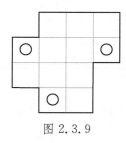
图 2.3.9

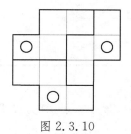
图 2.3.10

秦阳：好了(如图 2.3.10)。

社长：这么快？

秦阳：小奥题。

社长：猜猜我要讲什么。

宋师：选举人团。太明显了。

社长：Yes。美国大选采取选举人团制度，由"间接选举"产生，并非由选民直接选举产生，获得半数以上选举人票者当选总统。选民在大选日投票时，不仅要在总统候选人当中选择，而且要选出代表 50 个州和华盛顿特区的 538 名选举人，以组成选举人团。

施宇：懂了。

社长：这就懂了？你说说。

施宇：假设全国有 15 名选民，其中 9 人支持蓝方，6 人支持红方(如图 2.3.11)：

红	红	蓝	蓝	蓝
蓝	红	红	蓝	蓝
蓝	蓝	红	红	蓝

图 2.3.11

很显然，按照全国普选，蓝方获得胜利。但如果换一种选举方式呢？

如果把全国划分为三个区域(如图 2.3.12)：

红	红	蓝	蓝	蓝
蓝	红	红	蓝	蓝
蓝	蓝	红	红	蓝

图 2.3.12

一号选区中,蓝方 3 票,红方 2 票,该选区为蓝方获得;同理另两区也是蓝方的。于是蓝方以 15∶0 大获全胜。

那么如果这样划分呢(如图 2.3.13)?

红	红	蓝	蓝	蓝
蓝	红	红	蓝	蓝
蓝	蓝	红	红	蓝

图 2.3.13

显然红方胜利了。

社长:就是这样。不同的划分方式可能天差地别,通过巧妙的划分,可能就能扭转战局。于是很多公民提出这一制度的不合理性,但由于美国的实际情况,这一政策一直没有被修改。

社长:秦阳,到你最爱的博弈论了。

秦阳:展开说说。

社长:海盗分金这个例子就不用说了吧。

根据题目不难发现,五个海盗可以划分为两大阵营,第一个、第三个和第五个海盗的利益紧密联系,而第二、四个海盗是另一阵营。

施宇:民主和共和呗。

社长:正确。在大选中,由于选票是根据各州来分配的,根据以往经验,所有的州可以分为三大类:红州、蓝州和摇摆州。其中红州是代表铁定支持共和党的州,蓝州代表一定支持民主党的州,而摇摆州则是不确定的,也是两方最主要的竞争点。对于共和党来说,红州的票已经拿在手上了,而蓝州不管怎样都不是自己的,便没有必要去管,有资源不如去竞争摇摆州。就像第一个海盗,无论给二、四多少金币他们都不买账,何必费钱讨好他们呢?

假作真时真亦假，是是非非难解答

张 昍

假作真时真亦假，无为有处有还无。假的当作真的时候真的就像是假的了，无变为有的地方有也就无了。是非之间的灰色地带，究竟如何解答？

今天政治课学到了"认识"相关的内容，课本里说，"真理和谬误是会互相转化的"。也就是说，世上没有绝对的真理，真理都是有前提条件的。但是……好奇怪啊……社长打算查查资料，在社团里分享一下这个问题。

社长：嗨，同学们！今天我们要来讨论一个很有趣的话题。你们先听一句话："世界上没有绝对的真理。"

这句话好像是对的，但细细想来总觉得很奇怪：这句话是不是绝对的真理呢？如果是的话，这句话就是错误的；如果不是的话，这句话好像既对又错。

社员 1：悖论！

社长：没错！悖论通常是指这样一种命题：按照普遍认可的逻辑推理方式，可推导出两个对立的结论。形式为：如果事件 A 发生，则推导出非 A，非 A 发生则推导出 A。

社员 2：这种逻辑问题最有趣了！

社长：那我就出一些悖论考考你们。有一个 20 岁的男人，但他只过了 5 次生日。

社员 1：他的生日在 2 月 29 日就可以了！吁——太简单了，而且这句话没有问题啊，根本就不是悖论。

社长：不，不，不。这类听起来不可思议但没有逻辑错误的悖论叫做"真实性悖论"。之前那个太简单，我再来举一个例子："1 厘米线段内的点与太平洋面上的点一样多。"

社员 2：都是无数个。

社长:怎么证明?

社员 3:这个能证明吗?

社长:德国数学家康托尔(Georg Cantor,1845—1918)成功地证明了:一条直线上的点能够和一个平面上的点一一对应,也能和空间中的点一一对应。由于无限,1 厘米长的线段内的点,与太平洋面上的点,甚至整个地球内部的点都"一样多"。

接下来的问题可就没这么容易了。阿基里斯(Achilles)是希腊神话中善跑的英雄。而芝诺(Zeno of Elea,约前 490—前 425)说:"阿基里斯在赛跑中不可能追上起步稍微领先于他的乌龟,因为当他要到达乌龟出发的那一点,乌龟又向前爬动了。阿基里斯和乌龟的距离可以无限地缩小,但他永远追不上乌龟。"

社员 1:我记得是时间度量的问题,芝诺的度量方法不对。

社长:嗯……差不多。方励之先生曾经用物理的语言描述过这个问题:在阿基里斯悖论中,使用了两种不同的时间度量。一般度量方法是:假设阿基里斯与乌龟在开始时的距离为 S,速度分别为 v_1 和 v_2。当时间 $T=S/(v_1-v_2)$ 时,阿基里斯就赶上了乌龟。但是芝诺的测量方法不同:阿基里斯将逐次到达乌龟在前一次的出发点,这个时间为 T'。对于任何 T',可能无限缩短,但阿基里斯永远在乌龟的后面。

这个谬误的关键是:芝诺测量方法中的 T',无法度量 $T=S/(v_1-v_2)$ 以后的时间。和这个悖论相似的悖论还有很多,比如二分法悖论、飞矢不动,它们都是听起来好像正确,但实际上是错误的。它们叫"谬误悖论"。

社员 3:谬误悖论和真理性悖论正好是反过来的!

社长:在谬误悖论中还有一类悖论叫"连锁悖论"。

社员 3:谷堆问题。一粒谷子不算谷堆,两粒也不算,三粒也不算……以此类推,我们无法界定谷堆的概念。

社员 2:"多少粒谷子可被认为是谷堆"是含混的概念,并没有一个绝对的标准。

社员 3:我刚想说这个。还有,掉一根头发不算秃,掉两根也不会,那掉几根称作秃呢?

社员 1:理科生都秃……

社长:……连锁悖论的存在主要就依赖于模糊不清的概念,引起推理谬误。

社长:刚开始讲的悖论,你们还记得吗?

社员 3:世界上没有绝对的真理。

社长:记性不错嘛。这句话所指的对象,也包括了它本身。这类谬误叫"自指类谬误"。

社员 2:罗素悖论;罗素悖论;罗素悖论!我最喜欢的悖论们。

社长:哦?那你说说。

社员 2:假设有一个城镇,其中的理发师"为城里所有不给自己理发的人理发。"如果理发师不给自己理发,他就属于"不给自己理发"的那一类人。因此他应该给自己理发。反之,如果这个理发师给他自己理发,但他又只给村中不给自己理发的人理发,因此他不能给自己理发。

社长:嗯。还有吗?

社员 3:苏格拉底(Socartes,前 469—前 399)有一句名言:"我只知道一件事,那就是什么都不知道。"这是一个悖论,我们无法从这句话中知道苏格拉底是否对这件事本身也不知道。

社长:确实很有趣。其实我们可以自己试着写写。

社员 1:我们都说谎。

社长:哇,聪明!

社长:我说谎的。(笑)还有一类悖论叫"双面真理论"。现在还没有这种类型的真正例子,尽管一直有许多哲学争论它们为什么应该存在或不应该存在。从逻辑上说,确实可能存在一个条件和与它相反的条件都同时真实,并且同时共存。

说不定我们就是第一个想到这个例子的人。请大家自己查找相关悖论,我们下次课分享。

(第二次课上)

社员 1:希尔伯特旅馆悖论

假设有一个拥有可数无限多个房间的旅馆,且所有的房间均已客满。

设想此时有一个客人想要入住该旅馆。由于旅馆拥有无穷个房间,因而我们可以将原先在 1 号房间原有的客人安置到 2 号房间, 2 号房间原有的客人安置到 3 号房间,……以此类推,这样就空出了 1 号房间留给新的客人。只要重复这一过程,我们就能够使任意有限个客人入住到旅馆内。

社员 2:二分法悖论

二分法悖论也是芝诺提出的一个悖论:当一个物体行进一段距离到达 D,它必须首先到达距离 D 的二分之一,然后是四分之一、八分之一、十六分之一以至可以无穷地划分下去。因此,这个物体永远也到达不了 D。这个问题与阿基里斯问题十分相似。

这个结论在实践中不存在,但是在逻辑上无可挑剔。

芝诺甚至认为:"不可能有从一地到另一地的运动,因为如果有这样的运动,就会有'完善的无限',而这是不可能的。"如果阿基里斯事实上在 T 时追上了乌龟,那么,"这是一种不合逻辑的现象,因而绝不是真理,而仅仅是一种欺骗"。这就是说感官是不可靠的,没有逻辑可靠。

他认为:"穷尽无限是绝对不可能的。"根据这个运动理论,芝诺还提出了一个类似的运动佯谬:飞矢不动。

在芝诺看来,由于飞箭在其飞行的每个瞬间都有一个瞬时的位置,它在这个位置上和不动没有什么区别。那么,无限个静止位置的总和就等于运动了吗?或者无限重复的静止就是运动?

社员 3:谎言者悖论

公元前六世纪,克利特人艾皮米尼地斯(Epimenides)说:"'所有克利特人都说谎',他们中间的一个诗人这么说。"这就是这个著名悖论的来源。

言尽悖

"言尽悖"是《庄子·齐物论》里庄子说的。后期墨家反驳道:如果"言尽悖",庄子的这个言难道就不悖吗?

社员 4:柏拉图—苏格拉底悖论

柏拉图(Plato,公元前 427—公元前 347)说:"苏格拉底的下句话是错误的"。

苏格拉底说:"柏拉图说得对。"

不论你假定哪个句子是真的,另一个句子都会与之矛盾。两个句子都不是自我诠释,但作为一个整体,同样构成了说谎者悖论。

社员 5:祖母悖论

假如你回到过去,在自己父亲出生前把自己的祖父母杀死,但此举动会产生一种矛盾的情况:你回到过去杀了你年轻的祖母,祖母死了就没有父亲,没有父亲也不会有你,那么是谁杀了祖母呢? 或者看作:你的存在表示,祖母没有因你而死,那你何以杀死祖母?

社员 6:全能悖论

无所不能的上帝,能不能创造出他自己搬不动的石头?

这个悖论和"矛与盾"的故事本质一样,能穿过所有盾的矛,能否穿过不可能被穿破的盾?

社员 7:有趣数悖论

1 是非零的自然数,2 是最小的质数,3 是第一个奇质数,4 是最小的合数等等;如果你找不到这个数字有趣的特征,那它就是第一个不有趣的数字,这也很有趣。

社员 8:色盲问题

假设有一个人,他有一种奇怪的色盲症。他看到的两种颜色和别人不一样,他把蓝色看成绿色,把绿色看成蓝色。

但是他自己并不知道他跟别人不一样,别人看到的天空是蓝色的,他看到的是绿色的,但是他和别人的叫法都一样,都是"蓝色";小草是绿色的,他看到的却是蓝色的,但是他把蓝色叫做"绿色"。所以,他自己和别人都不知道他和别人的不同。

第一问:怎么让他知道自己和别人不一样?

第二问:你怎么证明你不是上述问题中的主人公?

青山一道同风雨，明月何曾是两乡

王睿欣

"2020 年，整个世界仿佛进入到历史的三峡中漂流，前方仍可能是凛冽的冰河，是汹涌的怒海，你我同在这一艘船上，无处可退，无人例外。你我的命运从未如此与国家命运生死相连，你我的历史从未如此与世界历史紧密相绕。"

——《南方周末》

冬天到了，病毒又开始肆虐了，最近部分地区出现了疫情，大家参加俱乐部活动时纷纷戴上了口罩。

王晟睿：最近疫情出现，大家要做好防护工作啊。

陈歆：这次的奥密克戎病毒也太可怕了，我们班有同学明明和确诊患者八竿子打不着，现在也在居家隔离。

郝听云：面对疫情可不能掉以轻心啊，病毒传播的速度比我们想象的还快。一个人的社会关系不断外推能辐射到无数人，更何况疫情的传播还包括擦肩而过的陌生人。

邱云辰：我记得有个悖论是说你的朋友拥有的朋友一般而言会比你还多，所以如果不采用措施，病毒会以指数级的速度传播。

王晟睿：这叫友谊悖论，是由社会学家斯科特·L·菲尔德在 1991 年观察到的。他指出，平均而言你的朋友比你拥有更多的朋友。虽然这一悖论指出了传染病会快速传播，但也被用于预测和减缓流行病进程。

郝听云：但是这也太不符合逻辑了吧！

陈歆：不然怎么能叫悖论呢。说起来，能从数学上严格证明它吗？

邱云辰：我记得好像要用图论来证明，这题超纲了耶。

王晟睿：我的字典里可没有"超纲"这个词。

陈歆：这就是学神吗。快来讲一讲。

王晟睿：首先，假设社交网络由无向图 $G=(V,E)$ 表示，其中顶点集 V 对应于社交网络中的人，边集 E 对应于人与人之间的朋友关系，那么社交网络中一个人的平均朋友数建模为该社交网络的平均度。

假设某人 v 拥有 $d(v)$ 个朋友，则可以表示为顶点 v 有 $d(v)$ 条边和它相连，那么在社交网络 G 中，一个随机选择的人所拥有平均朋友数为 $\mu = \dfrac{\sum_{v \in V} d(v)}{|V|} = \dfrac{2|E|}{|V|}$。

而随机选择的一个朋友的朋友数量的数学期望为 $\sum_v \left(\dfrac{d(v)}{2|E|} \right) d(v) = \dfrac{\sum_v d(v)^2}{2|E|}$，其中，方差 $\dfrac{\sum_v d(v)^2}{|V|} = \mu^2 + \sigma^2$。因此，期望值 $\dfrac{\sum_v d(v)^2}{2|E|} = \dfrac{|V|}{2|E|}(\mu^2 + \sigma^2) = \mu + \dfrac{\sigma^2}{\mu} > \mu$，得证。

郝听云：居然真的能证明出来这么不符合逻辑的东西……

陈歆：所以出现这个悖论的本质原因是什么呢？

王晟睿：我想应该是抽样偏差吧，由于抽样时不符合随机原则而产生了偏差。

郝听云：唉，疫情真是太可怕了，什么时候是个头啊。

邱云辰：病毒传播如此迅速，所以说打疫苗是非常有必要的。

陈歆：而且没事不要去人流密集的场所和医院什么的。

邱云辰：你可别说，我只是感冒了去医院，都做了核酸检测，捅喉咙可难受了。

郝听云：说起来我应该算是蛮幸运的，到现在一次核酸都没有做过。

邱云辰：当事人表示完全不想尝试第二次。

王晟睿：正巧，我们今天的主题就和核酸检测有关。现在我们去做核酸检测的话，医护人员会采用混样检测（pool testing）的方法，混合几个人的样本进行检测，既节约试剂，又节省时间。不如，我们进行一局寻找感染者的游戏吧。

王晟睿同学给同学们分配了角色，一名医生，六位病人，其中有一位被感染。

王晟睿：陈医生，你这一次想检测哪几位同学？

陈歆：1 号和 2 号。

王晟睿：他们的检测结果为阴性。

陈歆：3 号和 4 号呢？

王晟睿：阳性。

陈歆："3 号。"

王晟睿：阴性。

陈歆：那 4 号就是阳性了！

王晟睿：三次就检测出来了，真不错。

郝听云：如果第一次检测时三个人为一组，会更快吗？

邱云辰：第一次测试能将范围缩小到三个人，但是在三个人中找到被感染者需要检测两次，总共也是检测了三次。

王晟睿：郝听云同学的想法类似于算法中的二分查找法，是一种快捷的查找方法，经过 $\lceil \log_2 n \rceil$ 次检测就能找到感染者。

邱云辰：但是现实情况下医生不可能知道被感染的人数哎，那该怎么办呢？

陈歆：问题一下子变复杂了耶，不如我们先假设，一共有 n 名待测者，每个人患病的概率均为 p。

王晟睿：辰辰，你这个问题提得好！假设以 k 为待测者为一组进行检测，对检测结果为阳性的小组中的每一位成员逐一检测，那么检测次数的期望为 $\frac{n}{k}[k(1-q^k)+1]$，彼得·安格尔（Peter Ungar）在研究中指出，$0 \leqslant p < \frac{1}{2}(3-\sqrt{5})$ 时，组合检测法更好，$\frac{1}{2}(3-\sqrt{5}) \leqslant p < 1$ 时，逐一检测法更好。

陈歆：所以疫情初期，病毒感染率较高的时候，会采用逐一检测喽。

王晟睿：答对啦！

郝听云：但是好像组合检测会使准确性降低一点哎。

王晟睿：确实。

邱云辰：那有什么办法能在使用的试剂数量较少的情况下提升准确率吗？

王晟睿：可以使用拆分池测试法（spilt-pool-test）：

首先,对一个混合样本进行两次测试。如果两次测试结果都是阴性,那么这组样本中的所有成员都判定为阴性。如果有任何一次测试结果是阳性,就将这个混合样本均分为两组,每一组再各自进行两次测试。不断重复这一过程,直到所有样本都被判定为阴性或拆分到单个样本进行测试。

郝听云:这样做的话相当于在 pool testing 的基础上增加了测试数量,但提高了准确性。

王晟睿:那我稍微提升一下难度,在疫情迅速扩散时,时间紧急,假如医生必须一次做完所有测试,怎么样能在使用的试剂最少的情况下找到被感染的病人呢? 我们不妨从只有一位感染者的情况开始。

郝听云:好像一下子变难了许多呢。

王晟睿:每次检测的结果要么是阴性,要么是阳性,如果把阴性赋值为 0,阳性赋值为 1……

邱云辰:啊! 二进制嘛。

王晟睿:答对了! 如果我们把每位待测者的序号换算为二进制,再把二进制中每一位上为 1 的分为一组,若该组检查结果为阳性,则在这一位赋值为 1,阴性则赋值为 0,最终得到的二进制数对应的序号就是感染者了!

郝听云:这个方法太巧妙了!

邱云辰:那多个感染者的情况该怎么解决呢?

陈歆:看上去好难啊,不如给点提示吧。

王晟睿:那就小小地提示一下吧,比如说可以将待测者分为若干组,以待测者为横轴,检测序号为纵轴,建立矩阵,从而找到被感染者,但是具体操作过程过于复杂,通常由计算机来完成。研究人员们在一次计算机模拟实验中通过 48 次测试在 320 位测试者中成功找出 5 位感染者。

邱云辰:但是在现实中的待测者数量要比这个高出好几个数量级哎。

陈歆:确实。

王晟睿:所以在现实中医生们采用的是十人一组的 pool testing。

郝听云:为什么是十个人一组啊? 有什么讲究吗?

王晟睿:其实不是什么高深的数学原因啦,只是目前医学领域的研究在保证检测的精确度的情况下最多只能保证十个人一起测试。

陈歆：居然只是这样啊，我还以为会有什么有趣的数学原理。

邱云辰：你说得倒是轻巧，这也是医务工作者好不容易才做出来的成果耶。

王晟睿：说起来，你们知道核酸检测的生物原理是什么吗？

王晟睿：邱云辰你来讲一讲用 PCR 技术检测进行核酸检测吧。

邱云辰：呃……PCR 的全称是聚合酶链式反应……

王晟睿：不会吧，不会吧，老师上午刚讲过例题，你这就忘了啊。

邱云辰：那你讲，我倒是要看看你会不会把别人都讲睡着。

王晟睿：PCR 技术是用来扩增核酸的，当病毒核酸的浓度超过某一临界值之后，就能够被荧光探针捕捉，产生荧光信号，这就意味着测试者中有感染者。而混检会在一定程度上降低准确性正是因为样品混合后，病毒核酸的浓度会被稀释，以至于可能达不到临界值，而出现假阴性的情况。

陈歆：这就是生物学的力量吧！

台球镜像建模题，大力可否出奇迹

张　罟

　　我校台球社社长喜获上海台球锦标赛冠军，可喜可贺。今天，作为一个跃跃欲试的未（台）来（球）之（小）星（白），社长想从数学的角度"正经"地分析一下自己成为台球冠军的可能性有多大。

　　社长：今天我们来讨论一个热门话题。

　　秦阳：哪有那么多热门话题好聊？

　　社长：知道隔壁台球社吗？

　　施宇：知道！听说很有意思的。

　　社长：台球社社长喜获上海台球锦标赛冠军，我们也要努力了。

　　秦阳：努力学数学冲击数学竞赛吗？

　　社长：是用数学的方法对一个问题进行简化和理想化处理，从而把事物抽象化来理解该事物。

　　宋师：啥啊？

　　社长：建模。你们说，在一个没有任何能量损失的理想的矩形台球桌上任意击球，球是否最终必然进洞？

　　秦阳：球有可能会在一个路线上循环。

　　社长：嗯……没错，但是既然是理想化的，进入循环的概率是不是小到可以忽略不计呢？

　　施宇：也有可能不进入循环的可能性小到忽略不计，或者都不能忽略不计。你这怎么研究？

　　社长：别急嘛。研究数学问题，第一步就是进行合理的简化和假设。

我们首先进行物理简化：

1. 当球心与洞的圆心重合时才算进洞；

2. 球是严格遵守反射定律的；

3. 球总是走直线；

4. 球与桌面无摩擦。

那么根据上述条件，可以把球与洞都看成点，球碰壁反弹看作镜像过程，且进洞前球会永不停息地运动。

社长：接下来可以进行数学简化。

秦阳：理解了。将桌边无限加上镜子，于是桌面变成排满了洞的无限平面（如图 2.3.14）。由于反弹就是一次镜像过程，那么球直线进入无限平面中的洞即是在原桌面经过 n 次反射后进洞。

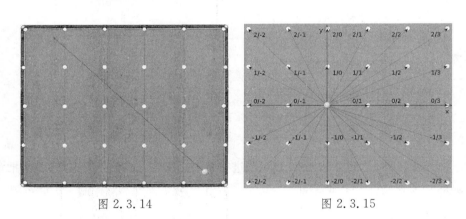

图 2.3.14   图 2.3.15

社长：没错！接下来将桌面看作坐标平面如图 2.3.15，把每个洞间的距离设为单位长度，问题就简化为：二维坐标系上过球的任意一条直线，是否一定经过点 $P(a, b)$，使得 a、b 同时为整数。

社长：你们试试看？

（一段时间后）

秦阳：设直线斜率为 k，球的初始位置为 (a_0, b_0)。

由于有理数×无理数＝无理数，对于方程 $y - b_0 = k(x - a_0)$：

若 k 为有理数，a_0 为有理数，b_0 为无理数时，x、y 不可能同时为有理数。

若 k 为无理数，a_0、b_0 同时为有理数时，x、y 不可能同时为有理数。

只有当 k、a_0、b_0 都为有理数时，x、y 才有可能同时为有理数，即可以进洞。

施宇：所以说，对于初始点为有理数点的球，当 k 为有理数时球总能进洞，反

之当 k 为无理数时,球永远无法进洞。

　　宋师:其实无法进洞的情况很好理解,就是球在反弹过程中回到原轨道,无限次反弹,永不停息,永不进洞。

　　社长:不愧是我的社员。那不妨再开一下脑洞,如果台球桌变成了三角形会发生什么呢?

　　秦阳:这得分类讨论吧。

　　社长:没错。你们一人负责一种,简单求解一下周期轨道吧。

　　施宇:我弄直角三角形。

　　社长:这么积极?

　　施宇:因为直角三角形最简单。

　　秦阳:我来钝角吧。

　　施宇:钝角我来!

　　(一段时间)

　　宋师:锐角三角形挺简单的。分别从三个顶点向对边作垂线,把三个垂足连成一个三角形,就是一条周期轨道(如图 2.3.16)。

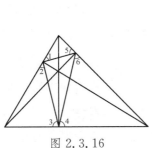
图 2.3.16

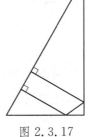
图 2.3.17

　　秦阳:直角三角形确实简单。从斜边上任取一点作为起始点,以垂直于斜边的方向作为初始运动方向,球在经过五次反弹后便会回到起始点,便可以形成一条周期轨道(如图 2.3.17)。

　　社长:施宇你的钝角三角形好了没?

　　施宇:你别打扰我,我能弄出来的。

社长：别纠结了，你真弄不出来的。2009 年，美国数学家理查德·施瓦茨（Richard Evan Schwarts，1906—　）证明了当三角形中最大角小于 100°时，周期轨道存在。2018 年，乔治·托卡斯基（George Tokarsky），雅各布·加伯（Jacob Garber），博扬·马里诺夫（Boyan Marinov），肯尼思·穆尔（Kenneth Moore）这四位数学家一起证明了当三角形中最大角小于 112.3°时，周期轨道存在。直至现在，数学家们仍在为"钝角三角形是否必然存在至少一条周期轨道"这个问题展开研究。

施宇：啊?!

社长：解决了三角形，那么五边形、六边形，甚至十二边形的台球桌呢？

其实，针对多边形的周期轨道问题，数学家们的研究成果还真不少。

1986 年，美国数学家霍华德·马苏尔（Howard Masur，1949—　）发现了一个规律：对于任意边数的多边形，只要这个多边形中所有的角的大小都是有理数，就必然存在至少一条周期轨道。这条十分好用的规律看似简单，其证明却十分复杂，运用到了全纯二次微分、泰希米勒空间、遍历性等众多数学知识，有兴趣（能力）的同学可以继续探索。

以上我们所讨论的问题都属于动力系统中动力台球（dynamical billiard）这一分支。除了讨论多边形球桌，甚至还可以讨论台球在圆形、椭圆形、环形、多边体、高维空间和非欧几何空间中的运动规律，其中有大量动态系统和遍历理论的运用。

总之，今天探讨的台球轨迹问题只是数学台球的理想化产物，我们平时在普通台球桌上打球，还要考虑球的质量、摩擦力、阻力、球袋、用力大小和角度等，因而球不可能无限次的弹来弹去永不停歇，况且还涉及其他球的阻挡、击球顺序等复杂问题，不靠苦练技术还想成为台球冠军的美梦基本上不可能实现了。最后，还是要恭喜王同学收获了这么好的成绩，继续加油哦！

第四节 | 制胜博弈：数学可玩

万般熙攘利来往，白璧青蝇益难分

秦瑞阳

天下熙熙，皆为利来；天下攘攘，皆为利往。

——《史记·货殖列传》

问题引入：有 5 位亡命之徒在海上抢到 100 枚金币，他们决定通过一种民主的方式来分配这笔财富。投票规则如下：5 个海盗通过抽签决定每个人提出分配方案的顺序，由排序最靠前的海盗提出一个分配方案，如果有半数或半数以上的人赞成，那么就按照这个海盗提出的分配方案分配金币，否则提出这个分配方案的海盗就要被扔到海里喂鲨鱼；再由下一个海盗提出分配方案，如果有半数或半数以上的人赞成，那么就按照他提出的分配方案分配金币，否则他也要被扔到海里，以此类推。

张奇：今天研究的内容就是这个了！

施宇：真是好经典的问题啊，这里的海盗可是绝顶聪明又爱惜生命的哟。

秦阳：像这种博弈我已经知道很清楚了，结果显然就是(97，0，1，0，2)或(97，0，1，2，0)嘛。

宋师：或许今天的研究会有什么不同呢。

张奇：没错！今天我想说的其实是这个题中的博弈问题的一些变化。不过秦阳你如此明白，不如来讲一讲？

秦阳:好——我们将这五个海盗按从前往后的顺序分为 1 到 5 号海盗。

首先,如果现在只剩 5 号海盗了,因为他是最安全的,没有被扔下大海的风险,因此他的策略也最为简单,即最好前面的人全都投入海中,那么他就可以独得这 100 枚金币了。

接下来看 4 号,他的生存机会完全取决于前面还有人活着,因为如果 1 号到 3 号的海盗全都投入了海中,那么在只剩 4 号与 5 号的情况下,不管 4 号海盗提出怎样的分配方案,5 号一定都会投反对票来让 4 号也去喂鲨鱼,以独吞全部的金币。哪怕 4 号为了保命而讨好 5 号,提出(0,100)这样的方案让 5 号独占金币,但是 5 号还有可能觉得留着 4 号有危险,而投票反对以让其喂鲨鱼。因此理性的 4 号是不应该冒这样的风险,把存活的希望寄托在 5 号的随机选择上的,他唯有支持 3 号才能绝对保证自身的性命。

施宇:这里不如引入一个大恶人和大善人的观念:

大恶人——只有超过可得利益才会通过方案。

大善人——如果得到预期利益就会通过方案。

宋师:也就是说这里 5 号是大善人就会通过 4 号的(0,100)提案,而他如果是大恶人就不会通过了。

施宇:没错。

秦阳:好,那我就以所有海盗是恶人来说明吧。那 4 号一定会去保 3 号了。

再来看 3 号,他经过上述的逻辑推理之后,就会提出(100,0,0)这样的分配方案,因为他知道 4 号哪怕一无所获,也还是会无条件的支持他而投赞成票的,那么再加上自己的 1 票就可以使他稳获这 100 金币了。

但是,2 号就会提出(98,0,1,1)的方案。因为这个方案相对于 3 号的分配方案,4 号和 5 号海盗至少可以获得 1 枚金币,理性的 4 号和 5 号海盗自然会觉得有利而支持 2 号,不希望 2 号出局而由 3 号来进行分配。

最后,1 号海盗经过一番推理之后也洞悉了 2 号的分配方案,有了先手优势。他将采取的策略是放弃 2 号,而给 3 号 1 枚金币,同时给 4 号或 5 号 2 枚金币,即提出(97,0,1,2,0)或(97,0,1,0,2)的分配方案。由于 1 号的分配方案对于 3 号与 4 号或 5 号来说,相比 2 号的方案可以获得更多的利益,那么他们将会投票支持 1 号,再加上 1 号自身的 1 票,97 枚金币就可轻松落入 1 号的腰包了。

秦阳:这可是我从施老师和何老师写的校本《围绕游戏,漫步数学》上看到的方法呢。我们今天是要来讨论其中的博弈观念纳什均衡吗?

张奇:并不是。还记得之前所说的善恶定义吗? 我们思考一下由此引发的问题吧。

如果海盗有善恶会发生什么呢?

施宇:这就有点像对这个游戏人性上的思考了。

宋师:那我来想想——

问题拓展:

由前面的思路我们有:1 号、2 号善恶与问题无关

情况 1:

1	2	3 善	4 善	5 善
100	0	0	0	0
预期	/	0	0	0

情况 2:

1	2	3 善	4 善	5 恶
100	0	0	0	0
预期	/	0	0	2

情况 3:

1	2	3 善	4 恶	5 善
100	0	0	0	0
预期	/	0	3	0

情况 4:

1	2	3 善	4 恶	5 恶
98	0	0	0/2	2/0
预期	/	0	2	2

情况 5：

1	2	3 恶	4 善	5 善
100	0	0	0	0
预期	/	1	0	0

情况 6：

1	2	3 恶	4 善	5 恶
99	0	1	0	0
预期	/	1	0	2

情况 7：

1	2	3 恶	4 恶	5 善
98	0	2	0	0
预期	/	1	3	0

情况 8：

1	2	3 恶	4 恶	5 恶
97	0	1	0/2	2/0
预期	/	1	2	2

宋师：这样看下来 4 号可能会有想要 3 个金币的可能。

张奇：没错，所以以这种思路来讨论的话，最优解只有(97，0，1，0，2)。

施宇：不过，海盗里真的有这种人吗？

秦阳：这不就看海盗分金的人性吗，这也体现了数学在这极端情况下有用。

施宇：坏了，又不是人人如此聪明，或者有人装作不聪明或者不合作怎么办？

张奇：那这就成为我们的下一个拓展吧。

须知顺逆皆已定，策梅洛下枉自痴

秦瑞阳

> 二人的有限游戏中，如果双方皆拥有完全的资讯，并且运气因素并不牵涉在游戏中，那先行或后行者当中必有一方有必胜/必不败的策略。
>
> ——策梅洛定理

这一天，数游四人组已经逐渐习惯可以实际操作的游戏，准备尝试接触那些只能思考计算的新奇玩意了——比如奇奇怪怪的数学问题。

问题引入：

施宇和宋师先后分这 6 个箱子，施宇是先手，规则如下：每个人每次只能取一个只和一个箱子连在一起的箱子，且每个箱子中有金币且个数不同，问施宇取到的金币不少于宋师的？（箱子排列如图 2.4.1）

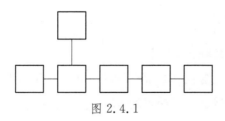

图 2.4.1

施宇：啊哈，这波我肯定赚翻好吧，我相信我可以。

秦阳：这不得看你操作了吗？（笑）

张奇：唉，这图，怎么不给每个的金币数量啊？

宋师：难不成，这游戏只看运气？

秦阳：啊不，其实是考虑各种情况下的解法，看是不是有通法。

施宇：这不是为难我吗？

秦阳：其实你们可以先带数值进去尝试一下的！

施宇和宋师在张奇给的随机数下很快得到了结果。

施宇：的确先手优势明显，次次都是我的多。

宋师：确实翻不了盘。

张奇：感觉这种规则就决定了这个结果！

秦阳：确实，你看……

不妨将箱子分为 $A_1 \sim A_6$，上面箱子为 A_1，下面从左到右为 $A_2 \sim A_6$，A_i 箱子中有金币 a_i 个。

(1)拿走 a_1、a_2 中较多的，不妨设为 a_1，那么剩下的能拿走的为 a_3、a_5；

显然 $a_1 + a_3 + a_5 > a_2 + a_4 + a_6$ 时，先手可以做到。

(2)如果上述比较不成立时，拿走 a_6，必然可以拿走 a_2、a_4 或 a_1、a_4，而 $a_2 + a_4 + a_6 > a_1 + a_3 + a_5$，先手亦可做到；

(3)而 $a_2 + a_4 + a_6 = a_1 + a_3 + a_5$ 时，显然是可保证不取到少的金币。

张奇：这就是规律啊。

施宇：这就是我的必胜法则了！

宋师：其实每个二人游戏基本都有所谓的必不败策略吧。

秦阳：这就是策梅洛定理所展现的，不过这个定理是有条件的。

可以在这里拓展一下，说起来这个定理确实厉害，不过在如今棋类活动上的展现却较少，实在是情况太多了啊。不然宋师你的国际象棋就不能发挥了。

张奇：策梅洛定理(Zermelo's theorem)是博弈论的一条定理，以恩斯特·策梅洛(Ernst Zermelo)命名。定理表示在二人的有限游戏中，如果双方皆拥有完全的资讯，并且运气因素并不牵涉在游戏中，那先行或后行者当中必有一方有必胜/必不败的策略。若应用至国际象棋，则策梅洛定理表示"要么黑方有必胜之策略、要么白方有必胜之策略、要么双方有必不败之策略"。

定理具体内容：

在一个双人游戏中，满足：

1. 双人轮流行动。

2. 有限步。比如国际象棋好像重复出现三次相同的棋局判和。

3. 信息完备。所谓信息完备,大概是玩家明确知道所有之前的步骤。

4. 仅有 3 种结局,对于玩家 1 只有:赢、和、输三种结局。

当满足上述条件的游戏,只会出现下面情况之一:

1. 玩家 1 有必胜招。就是玩家 1 按照某种特定的步骤,无论玩家 2 如何,都可以赢。

2. 玩家 1 有必和招。

3. 玩家 2 有必胜招。

秦阳:我粗略的理解证明是:对于先手的第一步操作有 n 种可能,每个对应的后手与此先手到最后结果的集合 $\{a_n\}$,如果有任一集合中的结果都是先手胜,那么先手有必胜策略,如果没有任一集合中的结果都是先手胜,而是和或者无败,那么先手有必不败策略;除此以外,先手只有必败策略了。

张奇:我好像见过这个,网上的证明都是用数学归纳法的。

秦阳:不过我借此海盗分金问题并不是想阐述这种二人游戏的博弈,而是想讲讲那种隐约的、类似游戏的问题,以此来实现游戏间的解法或探究内在。

施宇:我和班里的老余他们就有个闲时做的游戏,感觉有这味,不妨现在拿出来看一看。

游戏内容:两人各在如图 2.4.2 的 5×5 的方格中摆下一个士兵并告知对方自己士兵的大致位置,但只能告知以其士兵为中心的一个向外延伸的十字形中任意一个 1×1 正方形的坐标,如放于 $(B,3)$ 则可以告知为 $(C,3)$ 而不能是 $(C,2)$。之后,双方必须在以下两种操作中选择一项执行:1. 向单一方向前进 1 或 2 个 1×1 的方格,不可超出 5×5 正方形的范围,并报出移动后的大致位置;2. 向以己方为中心的 3×3 的正方形中的一个 1×1 方格开火。先击中对方者获胜。

宋师:这个规则边玩边讲,并不觉得复杂,不过要规范叙述倒是着实拗口了。

张奇:确实有点,不如我们实际操做一下。

施宇:别急,这个游戏还有拓展地图呢(如图 2.4.3)。

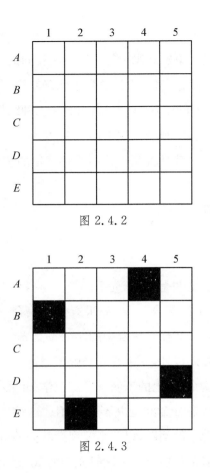

图 2.4.2

图 2.4.3

游戏 DLC：

该地图新增障碍——大山，可以对士兵的前进造成阻碍，不过士兵也同时可以"隔山打牛"。

注意：只可以 $(C,1)$ 的士兵开火到 $(A,1)$，而 $(A,1)$ 不可开火到 $(C,1)$。以此防止在四个边角的人防守倾向明显，以 $1/2$ 的概率阻止敌人。

另外，大家可以建立自己的地图来扩充 DLC 哦！

施宇：怎么样，是不是很酷。

宋师：这游戏确实有点意思。

众人在愉快的游戏氛围中结束了社团时光。

——happy end

好吧,其实并没有。

秦阳:唉,这个游戏倒是和我当初看到的一道巨难题十分相似啊(说着上网进行了搜索,如下题):

2017 年国际数学奥林匹克竞赛(IMO)第 3 题。

一个猎人和一只隐形的兔子在欧氏平面上玩一个游戏。已知兔子的起始位置 A_0 和猎人起始位置 B_0 重合。在游戏进行 $n-1$ 回合之后,兔子位于点 A_{n-1},而猎人位于点 B_{n-1}。在第 n 个回合中,以下三件事情依次发生。

(i) 兔子以隐形的方式移动到一点 A_n,使得点 A_{n-1} 和点 A_n 之间的距离恰为 1。

(ii) 一个定位设备向猎人反馈一个点 P_n。这个设备唯一能够向猎人保证的事情是,点 P_n 和点 A_n 之间的距离至多为 1。

(iii) 猎人以可见的方式移动到一点 B_n,使得点 B_{n-1} 和点 B_n 之间的距离恰为 1。

试问,是否无论兔子如何移动,也无论定位设备反馈了哪些点,猎人总能够适当地选择她的移动方式,使得在 10^9 回合之后,她能够确保和兔子之间的距离至多是 100?

秦阳:就是 2017 年 IMO 第一天的第三题,不过是真的超级难。

宋师:行吧,我相信我们是解决不了这种题的,不如我们简化改编研究一下。

施宇:看完了题,我大受震撼。

众人看完网上的分析后,觉得很妙并无话可说。

张奇:不如我们实际改编题目操做一下吧。

改编版:

如图 2.4.4,在一个无限大的方格欧氏平面上,有一个猎人和隐形的兔子玩游戏。已知兔子最初所在的方格是 A_0,猎人最初所在的方格是 B_0,二者相重合。在游戏进行 $n-1$ 回合后,兔子在 A_{n-1},猎人在 B_{n-1},在第 n 回合中,以下三件事依次发生:

1. 兔子以隐形的方式从 A_{n-1} 移动到其相邻(指边的相邻)的方格 A_n。

2. 一个定位设备向猎人反馈一个方格 P_n。这个定位器唯一确保的是 P_n 是

A_n 与 A_n 相邻（指边的相邻）的四个方格中的一个。

3. 猎人以可见的方式从 B_{n-1} 移动到其相邻（指边的相邻）的方格 B_n。

研究在多次操作后猎人无论兔子如何移动，定位设备如何反馈，他都能控制二者的距离——相差几格，在一个有限的范围内。

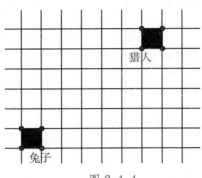

图 2.4.4

张奇：(看着正在思考的社员)今天社团的时间已经不多了，不如这个思考问题留作探究，每个人自行发挥、合作探讨，在课余时间完成吧。希望大家都有所收获。

——true end

第三章

直播间里春秋度

　　古往今来,天上人间,游戏无处不在,数学无处不在。无论身处何时何地,一旦沉醉于此,时空的壁垒皆被打破。直播间里春秋度,且看数学游戏直播间里跨越千年和千里的数学与游戏交响的故事。由数学游戏入道,窥古今宇宙。

第一站　暗窥古意

在中国，棋类有着悠久的历史，也广受大家喜爱。可若是西晋的观棋烂柯人王质见到西方人发明的黑白棋，又会有怎样的奇幻经历？一局棋，穿越千百年，今日我们和他一样乐此不疲。

黑白双煞两相争，乾坤一局百年身

何诗喆

那天王质在山中砍柴，忽然见到山上有个石室。他每日砍柴也不曾见过此地有这样一处洞天，心疑莫不是个仙人之迹，于是念了几句神佛，拎着斧头悄悄往里探。

刚开始十分黑暗，什么都看不见，忽有明光闪现，见两个小童正在下棋。王质怕惊扰了他们，远远看着，却发现他们下的棋和自己所认识的任何一种都不一样。棋盘上棋子在黑白之间转换，好不奇幻。

"果真是仙人呐……"王质心中自语。

就在这时，一位小童抬起头来望着他笑了笑说："好不容易才等来一个看棋的人！你要不要坐过来看看我们下这'黑白棋'？"

王质诚惶诚恐。另一位小童变出一只凳子，道："初平，你几时这么好客了！"初平撇撇嘴，没搭理他。王质感觉气氛紧张，却也走过去，握着斧子，小心地把它搁在地上，坐了下来，挠挠头，说："我一个砍柴的，不懂棋咧。"小童初平笑说："莫急，看我跟初起下，听我们讲，很快就会了。"王质放松下来，去看棋局。棋盘上有

四枚棋子,棋盘边有一些奇怪的符号。(如图 3.1.1)

"这是开局。"初平说,"接下来只能在可以首位夹住对方棋子的位置落子。黑子是先手。你看,比方说,开局的时候就有这几个地方可以下。"说着初平一点棋盘上的几个位置。(如图 3.1.2)

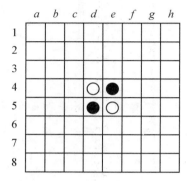

图 3.1.1　开局 $e4$、$d5$ 为黑;$d4$、$e5$ 为白

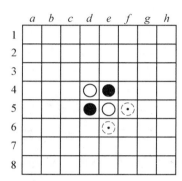

图 3.1.2　虚线表示这一步可以落子的位置

"而我比较习惯于落在此处。"初平落了子,棋盘上棋子翻动,王质看得啧啧称奇。初平道:"夹在当中的棋子会翻转成两头棋子的颜色。最后谁那一方颜色的棋子多谁胜。"(如图 3.1.3)

王质看两人你来我往,初平热情地向他解释。初起瞪了初平一眼:"好好下! 少说话!"初平嘟囔道:"有什么要紧? 我嘴上讲,心里还是有棋的。"(如图 3.1.4)

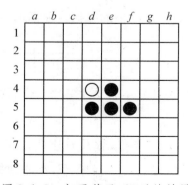

图 3.1.3　初平落子 $f5$ 后的效果

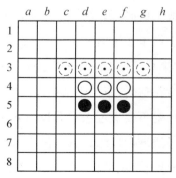

图 3.1.4　在图 3.1.3 情况下初起落子 $f4$ 后的效果。虚线为初平接下来可以落子处

忽然，初平连声叫道："失手了，失手了！"初平不动了。初起敲了敲棋盘，催他继续。

王质看得清楚，有一条斜线已经填满了棋子，初平执黑，正正被初起的白夹了个正中。这让王质想起了雪天砍柴的景象，觉得颇有意思，嘿嘿地笑起来。（图3.1.5、图3.1.6）

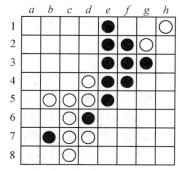

图 3.1.5　初平已经错失 $h1$，即将错失 $a8$。该轮到初起落子

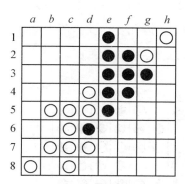

图 3.1.6　初起落子 $a8$

初平奇道："你笑什么，莫非你已看出其中门道？"王质说："这哪能呢。"初平道："罢了，我这局已然如此，便权当是为了教你。"他觑了觑初起的脸色，快速向王质解释道："你看，初起占了角的位置，结合规则想一想，这里的棋子永远不能被翻动，因为它永远不能被两头夹住，我们就叫它'稳定子'。而一旦他得了角上的位置，这一手之后他就基本上能控制住对角线的棋子和所在边的棋子了。危矣，危矣！"王质皱起眉头，真是个难局！不过初平一笑，安慰他也安慰自己道："不到最后一刻，也不知道胜负呢，一步步下，总有希望的。看，像这种不平衡边，也就是只有 6 个以下同色棋子的，都是有机可趁的契入点！"说罢落子。（如图 3.1.7）

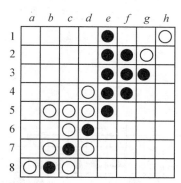

图 3.1.7　在图 3.1.6 中 c、7 是不平衡边。继图后，初平落子 $b8$，使得 $c7$ 翻转成为黑色，楔入了不平衡边，可以开始控制 c、7 两边了

"哦,这样以后就有机会翻转这一列了!"王质看明白了。这幅契入的图景又让他想起砍柴的时候,拿斧头一把劈下漂亮的树枝的感觉。他摸了摸斧头,觉得手感有点怪,但是眼前的棋局正斯杀得厉害,二人都不说话了,王质紧紧盯着才能跟上节奏,于是也顾不上斧头了。

看得出来,初平实在是在用穷途末路的走法,每一步最好翻动最多的棋子。或许,可以称之为"多子策略"吧,王质想。可是这种方法太冒险了,初平又丢了另两个角。最后几步本就是落无可落,原本大片的黑色在几个回合之后,已然锐减。(如图 3.1.8、图 3.1.9)

图 3.1.8　该初平落子了

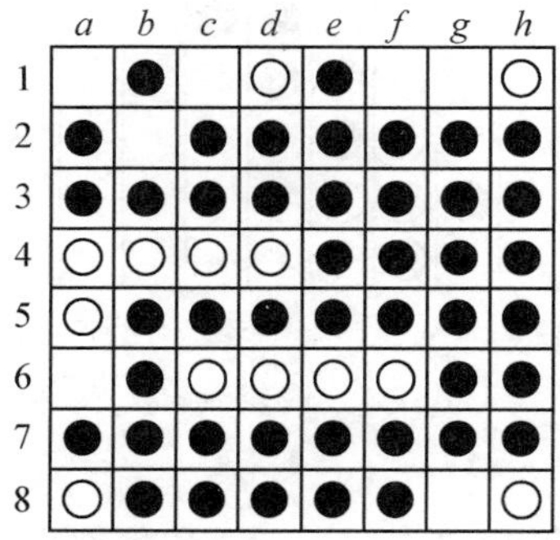

图 3.1.9　初平落子 $a3$ 后的效果。之后初起可以落 $f1$ 来逆风翻盘(虽然说多子策略未必是好策略,但是此时初平的落子是合理的,因为他只有 $b2$、$a3$、$a6$ 可落,均无法避免初起落子 $f1$ 的后果)

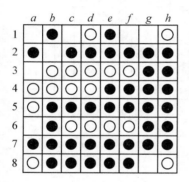

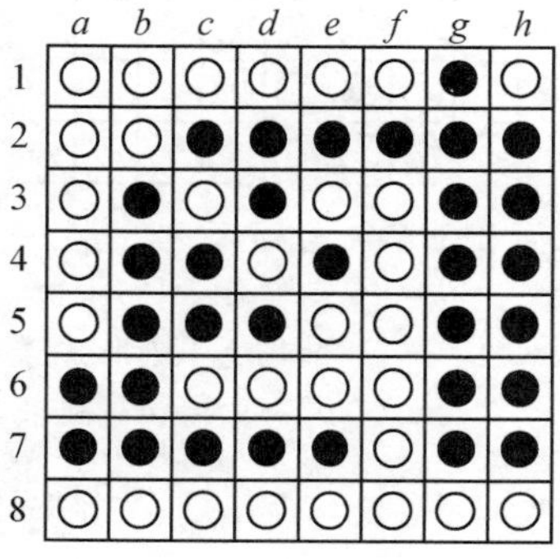

图 3.1.10　最终棋局

棋子落满,初平瘫在椅子上,对王质道:"你且去数数吧,谁胜了?"王质凭着数柴火的经验点过来,道:"黑子三十有二,白子……也是三十有二?"数量一样? 王质呆住了,一时不知道如何是好。莫非自己数错了? 初平听后跳起来:"初起,你看,讲话归讲话,你还不是胜不了我! 好一个平局!"(如图 3.1.10)

初起没理初平,看着王质掰着手指头做算术,说道："棋盘八八六十四，各三十二没错，黑白棋是有平局的。不要怀疑自己，算术技巧是可以练出来的，熟能生巧而已。"王质挠了挠头，笑得不好意思，说道："多谢仙人指点。"

初起这才看向初平，道："这么久了，还是学不会静心。你天赋在我之上，这棋上手本不难，比不得这人间华夏的围棋精妙，可胜在变化多端，要预想几步是极难的事情。棋之精髓，一切的根基都在静心啊。就这一点，你的心性还不如那误入此地的樵夫。"初平显然听腻了这些，应了两声，去拉王质，要他和自己玩几局。王质听初起一席话，如同醍醐灌顶一般，此刻被初平一拉，猛然惊醒过来，却是犹疑了，心想，自己今日的柴还没砍好，家中老母妻小都在等着他，这……

初起看看王质，突然一挥手，喝道："且归！"王质还未反应过来，便已经身处另一地方了。他低头看看手中的斧头，大惊，木头已经腐朽，头上的金属也已经锈了。眼前有一块硕大的棋盘，中央放了四颗子。

王质搁下烂柯，静坐棋前。

一盘棋，便是一生。

第二站　纪实今朝

一颗骰子，可以在拉斯维加斯的赌场改变贫富，也可以在我们高中生的手中创造快乐。此时此夜，中秋月正圆。明月共千古，传统习俗亦千古。闽南地区的博饼，在今天的高中生玩来，也是一样的欢乐，一样充满学业有成的期许和祝福。

六只骰子满盆红，博饼一夜千回中

施雨涵

又是一年的中秋佳节，刚升上高一的张古、于二、端阳和史韩四人站在窗边赏月。四人是从同一所初中升上来的，关系很好，所以经常在一起玩。四人有一句没一句地闲聊着，阵阵秋风吹过，带来了丝丝凉意。衣着单薄的张古缩了缩脖子，舒了口气说到："哎，中秋晚上还要留在学校晚自修，连晚会都没得看。"端阳苦着脸说："这还是我第一个不在家过的中秋呢，都没法跟家人一起吃月饼……"说到月饼，众人兴奋起来，七嘴八舌地讨论了起来。这时，于二不知从哪里拿出来了一盒月饼，说："这盒月饼是我妈让我带来的，说是让我和同学一起吃，来，我们大家把它分了。"众人欢呼雀跃。

就在这时，史韩的一只手摁在了月饼上。众人大惑不解。张古面露不善，道："你不会是想要独吞这盒月饼吧！"一旁的端阳听到这句话，虎躯一震，一个箭步冲过来把月饼护在身后。只见史韩从兜里拿出来了六粒骰子，满面笑容到："大家，我们来玩掷状元饼吧!"众人满脸问号,只有张古明白了过来:"掷状元饼,又叫博饼,是闽南地区独有的中秋活动,一盒月饼有六种大小不一的规格共有 63 块,每种规格都有相应的名字呢。"

史韩抚掌大笑:"不愧是古哥,真是见多识广。接下来就由我来为大家解释一下规则吧!"

首先指定 1 人(一般是本桌年长位高者)取两颗骰子扔出数点,如 n 点,由扔者开始逆时针方向数到第 n 个人,该人为本次博饼的起博者。由起博者开始向大碗里掷 6 颗骰子。

众人按逆时针次序依次进行,看骰子的点数得饼。如果骰子掉出大碗,本轮就作废,到下轮继续参与。

有 1 个"四点"的得一秀饼(秀才)。拿完为止。共 32 个。

有 2 个"四点"的得二举饼(举人)。拿完为止。共 16 个。

有 4 个相同点数的(4 个四点除外)得四进饼(进士),拿完为止。共 8 个。

有 3 个"四点"的得三红饼,拿完为止。共 4 个。

若骰子点数分别为一至六顺序排列着的得对堂饼(榜眼,探花),共 2 个。

最后就是状元,4 个"四点",只有 1 块月饼。当然各地区"状元"的形式也各不相同,还有五子登科,六抔黑等。

说完这些,史韩笑着搓了搓手,说:"大家听懂了吗?"众人听的一知半解,但是个个兴致高昂,迫不及待的想要开始。

众人里年龄最大的张古拿起两颗骰子,扔向地上。骰子在地上弹跳旋转了一会,发出清脆的碰撞声,众人聚精会神地盯着。骰子停下,"四点"和"五点"。张古惊喜道:"八点,没想到我自己成了起博者!"他抄起六颗骰子一把扔出,顿时响起了一阵密集的"噼里啪啦"的声音,过了一会儿,声音渐息,众人望去,竟是 3 个六点、1 个三点和 2 个四点! 张古大喜过望,拿了一个二举饼吃了起来,虽然不大,但是在众人羡慕的眼神注视下,张古吃得津津有味。

接下来众人轮流投掷骰子,可是,好像是张古把幸运花完了一样,接下来的整整两轮里,除了端阳获得了一个一秀饼,竟然没有一个人投出四点。但是大家的兴致没有因此消退,而是开始暗中较劲,想要抢先拿到榜眼和探花⋯⋯

夜渐渐地深了,月亮在天上向人间洒下皎皎白光,照耀在四人的身上。"嘿!我又拿到了!""哇!是探花!"四人的欢声笑语,在晴朗的月夜下飘向远方……

一个多小时后,又赢下一块月饼的手再次向盒中探去,才发现月饼盒已经空了。众人回味着刚刚的游戏,沉浸其中。突然于二轻咦一声,开口问道:"在这个游戏里,红是最重要的,骰子上只有一点和四点是红色,扔出一个红四点可以得到秀才,2个红四点可以得到举人,但我为什么总觉得出现一点比出现四点的时候多呢?"

史韩笑着说道:"那是你的主观期许在作怪。其实一点和四点出现的可能性是相同的。在日常生活中,事情发生的频率确实是有变化的,这好比我们都知道一枚硬币出现正面的可能性是 50%,但我们扔三次或许都是正面。只有增加次数,上千次、上万次,频率才会逼近概率。"

张古补充说:"我们来计算一下博饼的各种情形吧,总的情形有 $6^6=46\,656$,其他是多少呢?"

端阳开始在小黑板上写了起来:

状元:$C_5^2 \times A_6^2 + C_6^2 \times 4 = 300 + 60 = 360$(种);

对堂:$A_6^6 = 720$(种);

三红:$C_6^3 \times 5 + C_6^2 \times 5 \times 4 + C_5^3 \times A_6^3 = 1\,600$(种);

四进:$(5 \times C_6^2 + C_5^2 \times A_6^2) \times 5 = 1\,875$(种);

二举:$(5^4 - 5) \times C_6^2 = 9\,300$(种);

一秀:$5^5 \times 6 - 30 - 600 - 720 = 17\,400$ 种。

桂香袅袅,嫦娥细语。月饼虽小,其中情思映着空中的皎皎明月。骰子清脆的声音此起彼伏,欢声笑语不绝于耳。少年赏月阁楼上,不识秋月满。今夜月明人尽望,不知状元落谁家。手中拿着状元饼的少年迎着晚风,怀着中状元的梦想赏月,心中是壮阔的星辰大海。

第三站 ┊ 神算未来

或许我们每个人都曾幻想过自己进入理想的大学、进入喜欢的专业，开始快乐而充实的大学生活。借助 24 点，我们神算未来，看看大学生活万千可能性中的一种。

莫笑加减乘除易，百变数中藏神机

余中一

周涛是一名大学二年级的学生，在学校读数学系。大学的生活很丰富，但也枯燥。与同学们不同的是，他不爱去图书馆看书，从来都不——他每个星期天的上午都会准时到 Master 俱乐部去玩一玩——顺便见一见他的老朋友们。

"今天又是一个阳光明媚的一天。"他说。

看了看手机上的日期，今天是星期天。

他想，是时候出发去 Master 俱乐部了。

"你们好，伙计们。"周涛说。

"嘿，老朋友，好久不见。"

"王鹏，你也在这里？真是太巧了。"

"快来看看这个，兄弟。"

"这是什么？"

王鹏的桌旁还坐着两个陌生人，周涛坐在了剩下的那个座位。王鹏手里拿着一副扑克牌，他将牌分成两堆，两只手抓着牌向上弯曲，轻轻放松，两叠牌交错在一起。他依次翻开了牌顶的四张牌。

"牌洗的真不错，可是，你该将大小王以及 J、Q、K 去掉的。"一个陌生人说。

"哦，对啊，我忘了。"

王鹏将大小王和 J、Q、K 去掉。

"规则是什么？"

"将四张牌的点数进行加减乘除四则运算，每张牌必须用一次，算得 24 点就获胜。"

"允许牌的点数有重复吗？"

"当然。"

王鹏重新发了四张牌，牌的点数为 3、6、7、8。王鹏脱口而出："这个简单，8 减 7 等于 1，3 加 1 等于 4，4 乘以 6 等于 24！"

陌生人说："我有不一样的解法，7 减 6 等于 1，1 乘以 3 乘以 8 等于 24！"

另一个陌生人说："你们的方法都太麻烦，其实，这四张牌全部加起来就是 24！"

"对啊！"大家都笑了。

周涛说："你们算得都好快啊，我还没有反应过来。"

"没事的，多玩就快了。再说了，你不是数学系的吗？"王鹏笑着说。

周涛感到有点难过，他暗自想，下把一定要赢。

王鹏又发了一轮牌，点数是 4、4、7、7。

"这把有点难。"大家都一筹莫展。

周涛长舒一口气，"我知道了，4 除以 7 等于 $\frac{4}{7}$，4 减去 $\frac{4}{7}$ 等于 $\frac{24}{7}$，$\frac{24}{7}$ 乘以 7 等于 24！"

众人惊叹："不愧是周涛！分数解法也想得出来！"

周涛的嘴角不自觉的上扬。作为数学系的学生，他不自觉的联想到这个解法的原理：$4 \times 7 - 4 = 24$。现在多了一个 7，他把左边除以 7 再乘以 7，得到 $\left(4 - \frac{4}{7}\right) \times 7$，这就多插入了一个 7。

以此类推,$5 \times 5 - 1 = 24$,左边除以 5 再乘以 5,得到 $\left(5 - \dfrac{1}{5}\right) \times 5 = 24$。$3 \times 7 + 3 = 24$,左边除以 7 再乘以 7,得到 $\left(\dfrac{3}{7} + 3\right) \times 7 = 24$。

推广到一般情况就是,四个数字,如果有两个数一样,去掉其中一个数,其他三个数可以表示为 $A \times B + C = 24$ 或 $A \times B - C = 24$ 的形式,就可以使用这种方法了。

王鹏又发了四张牌,点数是 1、4、5、6。周涛和众人一起想了很久。最终一个人说:"我想起来了,我见过这道题。$\dfrac{4}{1 - \dfrac{5}{6}} = 24$"。

众人说:"嗯不错不错,这是特殊方法。"

王鹏又发了四张牌,点数是 3、4、6、7。

十分钟过去了,还没有人得出解答。"这不会无解吧。"众人感叹。

接着是一阵漫长的沉默。

"实在不行,我们就一个一个地把每一种情况都列出来吧。"

"这会不会太麻烦啊?"

"试试看吧。"

于是有人说:"我来枚举一下所有的情况,3、4、6、7 不同的顺序有 $4! = 24$ 种,中间要插入 3 个运算符号,有 $4^3 = 64$ 种,一共有 $4! \times 4^3 = 1536$ 种,这么多我可能枚举不清楚。"

众人一筹莫展,周涛却笑了。他从口袋中拿出纸笔,这是他每天随身携带的"神器"。

周涛说:"你的情况里含有重复和一些无须讨论的情况,我把情况进行分类:

1. 没有乘除号

最大 $3 + 4 + 6 + 7 = 20$,小于 24,舍去。

2. 有一个乘除号

（1）$A \times B$ 加或减 C 加或减 D 型

因为 24 是偶数，所以只能是 4×6 加减 3、7，算不出 24，舍去。

（2）（A 加或减 B）$\times C$ 加或减 D 型

如果 A 和 B 一奇一偶，那么 A 加或减 B 为奇数，C 和 D 一奇一偶，得出的一定是奇数，舍去；如果 A、B 为 3、7 或 4、6，验算知得不出 24，舍去。

（3）（A 加或减 B）$\times$（C 加或减 D）型

还是奇数和偶数的讨论，知道 A、B 为 3、7，C、D 为 4、6，计算知得不出 24。

（4）（A 加或减 B 加或减 C）$\times D$ 型

还是奇数和偶数的讨论，知道 D 是偶数，再进行计算知得不出 24。

（5）除号的情况留给读者讨论。

3. 有两个乘除号

（1）$A \times B \times C$ 加或减 D 型

还是奇数和偶数的讨论，知道 D 是偶数。

（2）$A \times B \times$（C 加或减 D）型

24 不是 7 的倍数，所以 7 是 C 或 D，计算知得不出 24，舍去。

（3）除号的情况留给读者讨论。

4. 有三个乘除号

（1）全是乘号，$3 \times 4 \times 6 \times 7$ 不是 24，舍去。

（2）一个除号，所以 $24 = 3 \times 4 \times 6 \times 7 \div A^2$，$A$ 不是 3、4、6、7，舍去。

（3）两个除号，最大是 $6 \times 7 \div 3 \div 4$，小于 24，舍去。

"对啊，通过乘除号的个数进行分类讨论，再结合奇偶分析，计算起来比较清楚，比较方便。"

"人比计算机聪明就在于人总是有各种各样的方法。"周涛笑着说。

24 点作为一个家喻户晓的游戏。对我们来说并不陌生，从我们小时候起就开始接触。它是一类非常益智的数学类活动，包含着数论技巧与逻辑推理，浅显易懂，是茶余饭后有意义的活动。希望它在更多人心中埋下种子，生根发芽。

主要参考文献

［1］邵文荣.让益智玩具解锁数学思维——以《孔明锁》教学为例［J］.小学教学设计·数学,2020(7、8):029－031.

［2］沈康身.智力玩具九连环研究［J］.高等数学研究,2012,15(05):56－63.

［3］俞昕.撷谈数学选修课"九连环"教学［J］.中学数学杂志,2015(05):6－7.

［4］杨冬冬.阅读与数学核心素养的关系——以阅读材料《九连环》为例［J］.数学教学,2017(10):21－29.

［5］赵立宽.几个有趣的覆盖问题［J］.中学数学杂志.1989(03).

［6］马素珍.有关几何图形的覆盖问题［J］.初中生世界.2008(36).

［7］王海清.棋盘数学举隅［J］.湖州师专学报,1989(06).

［8］田正平.关于棋盘的完全覆盖问题［J］.绍兴师专学报(自然科学版),1986(02).

［9］汪松浩.在体验中探寻,在尝试中思考——有关"一笔画"的教学设计［J］.湖南教育(C版),2016(07).

［10］贠映琳,张红娜.一笔画出数学的美——"一笔画"教学实录与评析［J］.小学教学(数学版),2017(12).

［11］陈军."七桥问题"的启示——数学模型方法在应用题教学中的渗透［J］.小学教学参考,2006(17).

［12］张思明,喻运星.从课程标准到课堂教学:中学数学建模与探究［M］.北京:高等教育出版社,2018.

［13］常宝田.由分油问题想到的［J］.晋中师专学报,1997(1).

［14］许伟亮.趣味数学游戏教育价值的初步挖掘［J］.福建中学数学,2013(1).

［15］北京师范大学环境教育中心,等.可持续发展教育教师培训手册［M］.北京：北京师范大学出版社,1999:68 - 69.

［16］施洪亮,何智宇.围绕游戏,漫步数学［M］.上海：华东师范大学出版社,2018:128 - 133.

［17］(美)梅兹里克.决胜 21 点［M］.刘子彦,译.北京：人民文学出版社.2010.

［18］沈康身.智力玩具九连环研究［J］.高等数学研究,2022(5).

后记 1

能在这里讲讲我们和数学游戏的故事，分享给未曾谋面的读者，是个多么难得的机会，非天时地利人和不得，我倍感珍之重之。

从一个人悄悄玩游戏，到惊喜地发现许多与我一样的人，再到携手共进，写下我们共同的故事，这样的经历本身就足够让我感到生活值得。

数学游戏从儿时的"益智游戏"开始，一个人可以拥有很多游戏，但难得的是找到志同道合又棋逢对手的游戏伙伴，并一起交流思考。等开始了传统意义上的学业生涯后，游戏却往往被视为"不务正业"。数学游戏往往由此被一同弃置。

天时之至，电子设备的普及，使得我可以"躲过"弃置的大势。一个人躲在屏幕后面，就可以享受整个游戏天地，扫雷、尺规作图、数独。不必管、也不想管别人认为这种游戏如何。

地利之至，紫竹的包容、自由，给了一个空间，在这里你可以做许多想做的事情。对数学游戏的热爱，对思考思维的热爱，一切都能在这里找到归宿。

人和之至，同学发起数学游戏研究社团、老师开展数学游戏课程，我找到了许多同好。一群自得其乐于数学游戏的人们，就这样得以相见，得以进行思维的碰撞。有的人更擅长数学，有的人更擅长游戏，在沟通交流中，似乎得以找到一个平衡点，使得"数学游戏"成为一个独立的、值得研究探讨的内容，有别于单纯的数学，亦有别于单纯的游戏，而是在它们二者之间架起了桥梁，桥梁上可以承载更多的人。

于是我们尝试用纸质书的形式记下我们和数学游戏的故事。人类是一种"讲故事的存在"。踏踏实实创造故事、写下故事的过程本身，也让我们意识到了我们和这个世界在不停共鸣，从中感知自己的存在，感知思考和热爱的意义，通过数学游戏还可以探寻同身边世界的联结方式，在这个特殊的时代。

称之为"直播间"，也是对时代的一种回应。现代人与人的距离感恰恰给予我们塑造个性的可能。展示多元丰富的思考，世界可以由此变得更为精彩，也希望和更多人分享我们对数学游戏的感知。

而我们，仍将继续书写属于我们的故事。

何诗喆

后记 2

　　数学游戏的研讨之路充满艰辛和乐趣，从听课到助教再到亲自授课，从被动理解游戏玩法到主动寻找适宜的游戏，从数学游戏教师团队的组建到数学游戏学生社团的成立，一路荆棘，一路繁花。

　　在数学游戏的探究过程中，得到了华东师范大学王振宇教授给予的理论知识学习，感谢华东理工大学出版社杨凡老师提供的学习群，感谢北京玩具协会理事、益智游戏委员武元元老师给予的学习资料，这一切都源于我们热爱数学教育，大家都希望数学游戏可以在学习过程中给予学生与众不同的收获。正如北京师范大学的李建华教授曾说的一样：在一定程度的数学教育，可以用数学游戏的方式来解决一些问题，当它进入场景之后不仅可以带来方式上的改变，数学游戏和数学的关系比我们想象的更加紧密。

　　如果说 2018 年的《围绕游戏，漫步数学》是数学游戏的主题推荐，那么这本书则力图呈现数学游戏与教学、与生活相关的场景。学生们的作品带给我们的不仅仅是惊喜，也激励着我们教师团队去思考如何打通"学科逻辑"和"生命成长逻辑"，如何在游戏脉络中实现知识浸润。他们之中有高中生也有初中生，他们或深入探究游戏背后的原理；或用全新的视角解读那些经典的游戏；或将自己对游戏策略的心得体会分享；或用轻松诙谐的语言将生活和数学融到一起，即使偶尔显露浅显，但也可以感受到朴实无华的文笔背后透着的对数学的痴迷，对思考的执着。老师们的作品则真实再现游戏课堂，游戏是如何展开、推进、升华的，在课堂实录的文字中展现着老师们对学生兴趣的激发，对学生好奇心的保护，对学生探究欲望的支持辅助。

　　正如数学游戏社社长张罟同学在前言中所说的一样，本书无论是体例的决定还是标题的确定都是曲折的，还记得何诗喆同学为此给出的创想达千字有余。众所周知直播就是不经过预录音录像，在现场、播音室、演播室直接播出节目。我们这本书也想取其意，选择对话形式，将数学游戏的开展过程直接呈现在读者面前，无论是老师还是学生都讲出别具一格的"故事"，即使是相同的游戏，也有着不同的解读、不同的讲述，我想这就是数学游戏的魅力所在吧。

最后感谢施洪亮校长一直以来的支持，感谢教师团队和学生们的实践、探究。他们对数学游戏研究的激情与渴望深深地感染着我，未来的我们在数学游戏课程常态化的探索中，会给予学生更多的空间去体验、感受；在平衡游戏体验和知识储备之间的关系方面会更深入。

我们在路上，并一直努力着。

何智宇

于华东师大闵行紫竹基础教育园区

2022.3